# 职业女性安全与健康

主　　编：邢娟娟
编写人员：邢娟娟　陈　江　杨　力
　　　　　姜秀慧　宝　川

气象出版社
China Meteorological Press

**图书在版编目(CIP)数据**

职业女性安全与健康/邢娟娟等编著. —北京：气象出版社，2010.11

ISBN 978-7-5029-5080-4

Ⅰ.①职… Ⅱ.①邢… Ⅲ.①女性-劳动保护-劳动管理-基本知识②女性-劳动卫生-卫生管理-基本知识 Ⅳ.①X92②R13

中国版本图书馆 CIP 数据核字(2010)第 216126 号

---

**出版发行**：气象出版社

**地　　址**：北京市海淀区中关村南大街 46 号　　**邮政编码**：100081

**总 编 室**：010-68407112　　**发 行 部**：010-68409198

**网　　址**：http://www.cmp.cma.gov.cn　　**E-mail**：qxcbs@cma.gov.cn

**责任编辑**：彭淑凡　　**终　　审**：章澄昌

**封面设计**：博雅思企划　　**责任技编**：吴庭芳

**印　　刷**：北京奥鑫印刷厂

**开　　本**：850 mm×1168 mm　1/32　　**印　　张**：6.5

**字　　数**：169 千字

**版　　次**：2010 年 11 月第 1 版　　**印　　次**：2010 年 11 月第 1 次印刷

**定　　价**：19.00 元

---

# 前 言

随着社会和经济的发展，女性参与生产活动的机会越来越多。产业结构的调整，多种经营模式的出现，以及农村城市化、城市现代化建设进程加快，给女性就业带来了巨大的机遇。尤其是以制造业为中心发展的趋势导致劳动密集型企业增加，境外某些化工企业的境内转移等，这些都为女性就业，特别是农村女性就业提供了机会。纺织、服装、玩具、电子、化工建材、餐饮、鞋帽箱包、商业服务等行业活跃着大量职业女性。在这些女性从业人员中，不仅包括原有各种企事业单位中工作的女性，还有各种所有制形式的生产一线的大量"打工妹"、三资企业女性"白领"等，职业女性队伍的构成发生了很大变化。

女性除了参加生产活动外，还要担负生儿育女的任务。由于自身的生理特点，经期、孕期、产期、哺育期生理机能的变化，需要在工作中给予特殊保护。但是如果她们在月经、妊娠、分娩、哺乳等生理过程中，得不到妥善的特殊保护，就会对健康产生直接影响。而且，有些职业危害因素还能对子代产生严重影响，所以，对女性工作过程给予安全和健康的特殊保护，还关系到下一代的健康成长。可见，加强职业女性的安全与健康工作对保护女性和儿童的健康，提高全民族的身体素质都会有十分重要的意义。

我们编写此书的目的是为了增强职业女性的自我保护意识，掌握相关职业安全与健康知识和技能，提高自我安全与健康保护能力，在工作中保证身心的健康。同时，也希望全社会都来关心职业女性，改善职业女性的工作条件，切实保障职业女性的安全与健康，最终实现和谐社会的发展目标。

本书由邢娟娟主编，参与编写的还有陈江、杨力、姜秀慧、宝川等人，在此向各位编写人员表示感谢。

由于编者水平有限，难免存在一些不足之处，欢迎大家批评指正。

编　者

2010 年 10 月

# 目 录

# 第一章

# 职业女性安全与健康基本知识

近年来，随着我国社会和经济的快速发展，女性参与社会劳动的机会越来越多。职业女性人数在全社会所占的比重也越来越高。据有关资料显示，目前，我国女性从业人员已达到3亿人，占社会总从业人数的44.96%，高于世界平均水平。有些行业，如纺织厂等纺织轻工行业，职业女性已经占全体职工的70%以上。女性在社会生产活动中发挥出越来越重要的作用。近十年，由于产业结构的调整和变化，城市进程的加快，务工妇女的人数也较改革开放初期有大幅度增加，从事的领域也与以前的传统工业领域有显著的差别，接触各种有毒有害和高风险的几率显著增多。

职业女性在参加社会生产劳动的过程中，各种危险、有害职业因素对女性的安全健康及其特殊生理机能均可产生一定的影响。由于女性身体结构和生理机能的特点，在一生中所遇到的经期、孕期、产期、哺育期生理机能的变化过程，决定了对职业女性要给予特殊保护。并且，职业女性还担负着抚养下一代的任务，有一些作业环境对女性是有害的，例如接触铅、苯、汞、磷等作业活动的女工，孕期或哺乳期间，有毒物质可以通过胎盘进入胎儿体内，对胎儿发育产生不良影响，也可以通过乳汁进入婴儿体内，对婴儿的健康也会产生不良影响。对职业女性的特殊保护，还关系到我国下一代健康体质的延续。因此，加强职业女性的安全与健康工作，对保护女性和儿童的健康，提高出生人口素质具有十分重要的意义。

国家和政府也高度重视职业女性的安全与健康工作，相继制定并出台了一系列有关女性职业安全与健康的特殊规定，如《女职工劳动保护规定》、《女职工禁忌劳动范围的规定》、《女职工保健工作规定》等行政法规，以及《劳动法》、《安全生产法》、《职业病防治法》等法律的有关条文，是目前保护职业女性、给予职业女性特殊保护的重要法律依据。

## 第一节　女性的生理特点

女性在新陈代谢、内分泌、生理、心理等各方面都与男性有较大差别，如身体结构、生理机能、生育机能等等。女性和男性的差别主要是由于性器官及功能不同，如月经、妊娠、分娩、哺乳等，这些特殊的生理机能都属于生殖机能。女性在月经、妊娠、分娩、哺乳及绝经等生理过程时期，生殖系统及身体其他系统的生理机能都会出现变化。

### 一、身体结构

一般女性的身高、体重、胸围与骨骼系统等都小于男性。女性与男性差别最大的是骨盆的形态结构，女性骨盆壁薄，髂骨平坦而低，骨盆敞而浅，耻骨弓角度大，盆腔大，近似圆桶形，有利于分娩。脊柱腰段长而弯曲，有利于妊娠。女性下肢较短，跳跃、疾走等动作不如男性灵敏。

女性胸背部及四肢肌肉都不如男性发达，女性身体的重心较男性低。女性肌力一般小于男性，总体力约相当于男性的 2/3，且随年龄增长，女性肌力下降较男性快，50 岁时约为同龄男性肌力的 50%。

盆底组织系由筋膜和肌肉所组成，封闭了骨盆出口，它是支持盆腔脏器，使之保持正常位置的重要支柱。盆底组织的肌肉及筋膜共分三层，最内面为盆膈，由坚强的提肛肌及其筋膜组成。中间为尿生殖膈，由两层强韧的筋膜和会阴深横肌及尿道括约肌形成，阴道和尿道穿过此膈。最外面为外阴和皮肤下面的浅筋膜和肌肉，包括肛门外括约肌，球海绵体肌，会阴浅横肌，坐骨海绵体肌等。

女性骨盆内有阴道穿过，其支持力量稍差，当从事重体力劳动使腹压增加时，易遭受损伤。女性有内生殖器官子宫、卵巢、输卵管位于骨盆腔内，这是男性和女性在解剖学上最为主要的差异。盆腔内的血液供给不仅关系到盆腔器官和组织的营养供给，且关系到整个下肢的营养供给，对人体从事体力作业有一定影响。

## 二、身体机能

女性总血量、红细胞数目及血红蛋白含量都低于男性。这意味着女性血液输送氧气的能力不如男性；心脏搏出量女性也小于男性，心率较男性稍快。当在进行同等强度的体力劳动时，女性心率比男性快，即在同等的需氧水平下，须以增加心跳次数来满足机体需要。

女性肺活量较男性小。因此，在进行同等强度的体力劳动时，女性呼吸次数往往多于男性，以满足机体对氧气的需要。此外，女子的呼吸方式以胸式呼吸为主，而男性是以腹式呼吸为主。前者为通过肋骨的运动进行呼吸，后者则通过腹部肌肉及膈肌的运动。当女性从事重体力劳动时，由于呼吸量加大，必须进行腹式呼吸，此时腹压增高，可影响骨盆内脏器的血液循环和正常位置。此外，女性基础代谢低，平均皮肤温度较男子略低。女性的发汗机能也较男性低，即女性物理的体温调节机能较男性差。一般认为女性倾向适于在温度适宜的环境下工作，对高温作业及寒冷作业均不适宜。

总的看来，基于血液、循环及呼吸系统机能的性别差异，女性对重体力劳动的适应能力不如男性，当进行同等强度的体力劳动时，机体的负担较男性大。

## 三、女性特殊生理时期

1. 月经期

多数女性于月经前期和月经期中，可程度不等地出现某些症状。当患有严重的痛经或月经过多时，往往影响正常的劳动。这种作业能力的波动，多见于工作较紧张的，使用机器进行操作的强制性作业。月经不调是劳动女性中常见的情况。根据不同研究者的观察，职业女性的月经不调往往与劳动强度、工作姿势、作业时的环境条件、年龄，尤其是参加工作时的年龄有关，以年轻的未婚职业女性较为多见。从事重体力劳动及立位作业的职业女性，痛经较为多见。生产中接触强烈噪声、微波辐射，高、低温、化学物质的职业女性也容易出现月经异常。

2. 妊娠

孕期为适应妊娠的需要，孕妇机体发生一系列的变化。子宫增大，体重增加，能量消耗加大。从事同样体力劳动，妊娠后期时每公斤体重的能量消耗大大超过妊娠前期，后期几乎相当于前期的 2 倍。说明进行同等强度的劳动，于妊娠后期时，母体的负担显著加大。由于妊娠后期母体及胎儿的能量消耗逐渐增大，劳动的能量消耗必须减少，否则母体能量消耗被迫减少，对胎儿发育不利。故妊娠后期适当减轻劳动，注意产前休息是必要的。

孕期新陈代谢加快，总循环血量增加，心脏负担加大。心率加快，与未妊娠时比较，在休息的情况下，心率可增加 10 跳，产后 2 个月时才能恢复到妊娠初期的水平。妊娠时由于气体交换增加，肺通气量加大，潮气量增加，同时体内产生的 CO 量增加，呼吸器官的负担加大。所以，可使能量消耗明显增加及使呼吸器官或循环器官过度紧张的生产作业，如重体力劳动或高温作业对孕妇都不适宜。同时，呼吸循环加快，也可促进机体对有毒物质的吸收。

劳动条件对妊娠有一定影响。有研究资料表明，职业女性妊娠恶阻及妊娠中毒症的发病率较高，流、早产以及死产率也较高。女性从事不同职业劳动与子代先天缺陷也有关系。接触各种有毒化学物质职业女性所生婴儿，畸形率远远高于没有接触有毒化学物质人群。

3. 哺乳期

哺乳母亲的健康状况，对乳儿的发育和健康有直接关系。过劳、高度的精神和肉体紧张，接触有毒化学物质，均可影响乳汁的质量。产假后恢复工作不当，由于机体不适应负担的骤然加重，往往也会影响乳汁的分泌。

4. 更年期

女性在自然绝经前后，卵巢机能逐渐衰退，内分泌系统机能暂时性失衡。此时有10%～15%的人可出现更年期综合征，表现为情绪不稳、容易激动、头痛、头晕、耳鸣，乏力，失眠、健忘，阵发性面部潮红、阵发性心动过速或过缓，心悸、血压增高等等。绝经期及绝经前期职业女性作业能力可能下降，对紧张的工作不能适应，同时对某些职业性有害因素的感受性增强。

## 四、危险、有害因素对女性安全与健康的影响

职业女性在从事生产活动及其他职业活动的过程中，有可能接触各类职业危害，主要的职业种类主要有：各类工业毒物、粉尘和物理因素，如噪声、电磁辐射、高温等；还有来自公司里的白领女士的心理压力紧张以及过负荷等。某些职业危险、有害因素对职业女性的健康，特别是生殖系统的健康会有不良影响，不仅影响女性自身的健康，还会影响胎儿发育甚至出生后的健康。另外，作业场所和生产工艺操作过程中，机械伤害、物体打击、火灾、爆炸等多种风险也同样会给女职工带来危险。

例如，女工在生产过程中，接触职业危害因素，如铅、汞、铬、苯、甲苯、二硫化碳、氯仿、二甲基甲酰胺、三硝基甲苯、强噪声、全身振

动、低温、重体力劳动等可影响月经异常；如孕期接触铅、苯系物、二硫化碳、氯丁二烯、抗癌药、强烈噪声和全身振动等，使自然流产率和早产率增高。孕期接触强烈噪声及抗癌药、氯乙烯、铅、苯系列化合物者，妊娠高血压综合征的发病率以及孕期贫血发病率明显增高。还会导致胎儿先天缺陷，如接触汞、激素及苯的职业女性，其子代先天畸形率为 33.6%；在化工、塑料等行业中从事有毒有害作业的职业女性，子代先天畸形率为 21.41%；在橡胶企业的职业女性中，子代先天缺陷患病率为 30.62%；接触二硫化碳职业女性子代先天缺陷患病率为 26.44%，是正常人群的 2.02 倍。孕期接触致癌物还可导致儿童期恶性肿瘤的发生，母亲孕期接触苯、农药，其子代的急性淋巴细胞及非淋巴细胞白血病的发病均增高。另外，接触职业危害因素的职业女性患其他疾病的明显增多，包括阴道炎、宫颈炎、附件炎、乳腺增生及乳腺和子宫肿瘤的患病率均增高。现将危险有害因素对女性身体机能的影响概述如下。

1. 对女性生殖机能的不良影响

某些化学物质可影响正常的激素平衡。雌激素有使子宫内膜增生，宫颈黏液分泌增加的作用。宫颈黏液有周期性改变，宫颈黏液可为精子提供能量，其性质发生改变可导致不孕。雌激素又有加强输卵管蠕动的作用，有利于精子和卵子的运行。故雌激素功能不足可影响生殖机能。

职业性有害因素可对生殖系统或生殖机能产生不利影响，造成女工不孕或受孕能力下降。如接触氯乙烯单体、接触己内酰胺的锦纶纤维以及接触氯仿的制药厂职业女性，原发性不孕的相对危险均增高。即使卵细胞发育成熟可以排卵，受有害因素影响，受精卵也可能发育不良，不能着床，导致自然流产。例如，氯乙烯作业工人的妻子，其自然流产率明显偏高。

职业性生殖危害因素不仅会影响女性自身健康，还会影响到所怀胎儿的健康。例如，怀孕头 3 个月内有害因素会引起胎儿发生先天畸形或流产；而在怀孕后 6 个月，主要会引起胎儿生长发育缓慢、大脑发育受影响、早产等。但职业性生殖危害因素并不一定影响每一个工作者或每次妊娠，这主要与女性接触危险、有害因素暴露的时间、剂量、途径等因素有关。

有毒化学物质可以造成致畸与突变，如果突变发生在生殖细胞，则可影响生殖机能，因影响程度的不等可以发生不孕、自然流产、死胎、畸胎或其他先天缺陷。这种致突变作用发生在受精前，所引起的先天缺陷可以遗传给下一代。如果突变发生在胚胎细胞，则可干扰胚胎的正常发育。突变发生在胚胎发育的早期时，可导致畸胎的发生，突变发生在胎儿期或出生后则可导致癌的发生。

2. 影响妊娠母体和胎儿的正常发育

接触工业毒物的职业女性，妊娠早期易出现妊娠呕吐，在妊娠后期易出现妊娠高血压综合征。妊娠期间的健康状况对胎儿的正常发育关系很大。外界环境中的各种有害因素可以直接作用于胚胎或胎儿，也可以通过对母体的不良影响，损害母体健康而间接地对胎儿产生不利影响，影响胎儿的正常发育。化学物质进入母体后，有的可以通过胎盘屏障进入胎儿体内，对胎儿产生毒作用，从而引起胚胎或胎儿死亡而发生流产或死胎。有致畸作用的化学物质，还可以使胎儿出现体型或内脏畸形，或机能的缺陷，如智力低下等。

(1)妊娠时机体对有害因素的敏感性增高

妊娠时为适应妊娠的需要，孕妇机体的生理机能发生一系列的变化：子宫增大，体重增加，能量消耗增加，对氧的需要量加大，肺通气量增加，较平时易于吸入较多的毒物。孕期总循环血量增加，心率加快，每分钟心脏的搏出量增加。循环加快的结果又可促进机体对有毒物质的吸收。妊娠时新陈代谢加快，肝脏的负担加大，胎儿的废物需经母体排泄，肾脏的负担也增加。而肝脏是化学物质在体内进行转化、解毒的主要器官，肾脏是毒物排泄的主要器官，妊娠时接触有毒物质，肝、肾均易受到损害。妊娠时植物神经系统的紧张度发生改变，且往往出现生理性贫血。凡能使能量消耗增加，需氧量加大的生产作业对孕妇都会产生不利的影响。由于上述一系列的改变,孕妇往往可出现对某些有害因素特别是某些毒物敏感性增高的现象。而妊娠母体的中毒、缺氧等,对胎儿的正常发育都会产生不良影响。

(2)有害因素能促进妊娠及分娩并发症的发生

从事某些工业生产的职业女性,妊娠及分娩并发症较多见。其中,妊娠高血压综合征在接触化学物质的职业女性中多见。如接触二硫化碳的人造丝工厂职业女性,接触汽油的橡胶制品厂职业女性以及接触苯、甲苯、二甲苯、三氯乙烯等的职业女性,其妊娠高血压综合征的发病率均高于普通人群。接触己内酰胺、甲醛、烟碱、有机氯的职业女性,胎儿出现宫内窘迫的比例较高,接触己内酰胺及二硫化碳的职业女性,分娩活动无力较多见。

3. 对婴幼儿哺乳的不良影响

许多化学物质可以从乳汁排出,如铅、汞、钴、氟、溴、碘、砷、苯、二硫化碳、烟碱、三硝基甲苯、氯丁二烯等。母乳排出毒物是使乳儿接触毒物的重要原因。新生儿对环境中有害因素的不利影响非常敏感,如接触铅作业工人在没有很好防护的情况下,其乳儿的患病率及死亡率高。现有资料表明,在作业过程中女工接触有毒作业后,许多种类的毒物可自乳汁排出,如铅、汞、钴,氟、溴、碘,苯,二硫化碳,多氯联苯、烟碱,有机氯、三硝基甲苯等。乳汁排毒成了婴儿接触毒物的重要来源。含毒母乳可导致乳儿中毒,也可使乳儿抵抗力下降而易于患一般的疾病。据报道,接触汞、苯、有机磷、有机氟的职业女性,其乳儿的患病率增高。

4. 职业有害因素易导致多种妇科疾病

作业活动中接触有害因素对女性最为常见的影响是引起月经失调。影响月经正常的工业化学物质有 70 多种,常见的为铅、汞、砷、苯、甲苯、二甲苯、汽油、二硫化碳、三硝基甲苯、烟碱、三氯乙烯、苯乙烯、氯丁二烯等。月经不调在年轻的未婚女子中较为多见,多数为暂时性的，以后逐渐恢复正常。月经不调持续较长时间达半年以上甚至数年，这种情况多见于慢性中毒的职业女性。接触化学物质还可能使职业女性更年期提前，更年期综合征发病率增高。接触不同职业有害因素会导致多种妇科疾病的发生。

（1）月经病：除表现为月经异常外，还表现为初潮延迟和早发绝经。过早参加体力劳动会使初潮延迟；从事重体力劳动时痛经较为常见；接触苯、二硫化碳易出现月经过多综合征；接触铅、汞及放射线易出现月经过少综合征；接触噪声主要表现为月经周期不规则等。

（2）生殖器炎症：主要包括阴道炎（如滴虫性、霉菌性、细菌性等）、宫颈慢性炎症（如宫颈糜烂、息肉等）、附件炎和盆腔炎等。女性集中的单位使用公共浴池及公共坐式马桶易引起滴虫性阴道炎患病率增高；从事汽车运输的女司乘人员，由于全身振动性作业导致盆腔器官血管紧张度下降，静脉淤血，以及工作中不能保证月经期合理地进行卫生处理，会使宫颈炎、阴道炎、附件炎和盆腔炎的患病率显著升高。

（3）乳腺癌：美容行业、制药工业和化工厂工人，由于工作中接触一些潜在的毒性物质，如染发剂、有机粉尘、含有致癌物的有机溶剂等，患乳腺癌的危险度明显增高；工作中接触极低频电磁场也有增加发生乳腺癌的可能。

5. 危险、有害因素造成人体伤害

在生产过程中，女性除了本身的生理特点可致的职业病以外，还由于所处环境和女性的体力与男性的差异、文化教育程度、应急中的响应能力的等方面明显不足，在面临同样危险时会付出更大的伤害。如面临火灾、爆炸导致的伤亡，或在操作时导致的物体打击、机械伤害等的危险，以及由于安全条件、人、机、环境的相互作用而导致系统失效、人员伤害或其他损失的风险更为严重。

一般来说，在工作中女性也会面临生产、作业环境中发生的意外的损失或灾祸。如发生有毒有害气体泄漏，造成意外的人员伤亡，导致安全生产事故。

在这些事故中，按照导致事故发生的原因分类方法，可将工伤事故分为 20 类，分别为物体打击、车辆伤害、机械伤害、起重伤害、触电、淹溺、灼烫、火灾、高处坠落、坍塌、冒顶片帮、透水、放炮、瓦斯爆炸、火药爆炸、锅炉爆炸、容器爆炸、其他爆炸、中毒与窒息和其他伤害等。

其中女职工较为常见的有物体打击、车辆伤害、机械伤害、触电、淹溺、灼烫、火灾等事故造成的伤害。

由于女职工身体体能特点、受教育程度、应急能力以及安全知识程度等原因，在面临风险时所受到的伤害会更大。

## 第二节　职业女性安全与健康常识

职业女性月经、妊娠、分娩、哺乳等特殊生理时期，接触危险、有毒作业活动中，可导致生理机能发生改变，对女性本身的健康带来不良影响，此外，还可通过妊娠及哺乳而影响胎儿、婴儿的生育成长与健康。而且，当职业性有害因素的强度（或浓度）对母亲尚未引起明显的毒害作用时，已对胚胎及胎儿产生不利的影响。所以，基于女性机体固有的生理特点要对女性进行特殊的“四期”保护。

### 一、职业女性的“四期”保护

职业女性的“四期”保护是指女性经期、孕前期及孕期、产前期及产后期、哺乳期的安全与健康，“五期”还包括更年期。对经、孕、产、乳四期的保护在女性安全与健康法规中已有具体规定。除规定了四期的禁忌范围和产假时间外，在《女职工保健规定》中还根据安全与健康的需要，提出了具体要求。

（一）月经期健康保护

对于有较多女工的企业，《女职工保健工作规定》（1993 年）第七条第二款已经规定：职工在100人以上的单位，应逐步建立女职工卫生室，并有专人管理，设备条件应符合《工业企业设计卫生标准》的规定要求，即应有处置室、冲洗器、等候室、洗手设备等。建立月经卡有利于及时发现早孕及妇科的异常，并可对有月经异常的人，提供诊断上的帮助。我国在某些产业部门中在月经期间给予女职工1～2天的休假（公假），如建筑部门等。对负重作业工种，需登高工作的工种，手部长时间接触冷水、低温的作业以及野外或其他无固定工作场所的露天作业工种，月经高潮时应给予1～2天的休假。对经期伴有较重症状的女性，尤其是青年女职工，经期应给以适当照顾，或适当减轻工作量，或允许利用公休日倒休。对患有痛经、非经期出血，月经过多或过少、闭经，月经周期紊乱等月经异常的女职工应进行系统的观察，建立观察记录，作为职工健康档案材料的一部分。并要进行检查，确定月经异常是功能性的或是器质性的，与工人所处的劳动条件有无联系，与职业病有无关系等，以便采取相应的防护措施。对患有严重月经障碍的病人，临床上查不出明确的原因，经反复治疗无效，如果在工作中接触某些职业性有害因素且浓度（或强度）超过卫生标准较多时，可与有关部门磋商，暂时调离有毒有害作业。

（二）孕前健康保护

患有射线病、慢性职业中毒或于近期内曾有过急性中毒的职业女性，均暂时不宜受孕，须经治疗痊愈后再怀孕。如从事铅作业的职业女性，由于铅被吸收入血后，可蓄积在骨骼内，当食物内缺钙或体液酸碱度改变时，骨内的铅又可随骨钙转移到血液，使血铅浓度升高，故接触高浓度铅的职业女性，即使没有中毒表现，或是以往曾从事过铅作业目前已经脱离者，最好在经驱铅试验后，再决定可否怀孕，即应进行有计划的妊娠。长期接触有毒物质的作业，最好应在脱离接毒工作后一段时间再进行受孕。

（三）孕期健康保护

孕期健康保护是职业女性健康保护中最重要的工作内容，对保证胎儿质量，保护母婴健康，降低围产死亡具有重要意义。

1. 孕早期的健康保护

孕早期的健康保护对预防出生缺陷，防止流、早产及孕期合并症等都具有重要意义。早期发现怀孕，以便及早进行保护。月经登记卡在发现早孕方面有一定作用。同时要做好宣传教育，使女职工于月经超期时能及时检查，及早确定妊娠，及时进行监护。接触具有胚胎毒性作用及致癌作用的化学物质、强烈的全身震动、放射线等的工种，或是在生产中接触化学物质浓度超过国家规定的卫生标准时，确定妊娠后，应暂时调离。从事重体力劳动的工种，应适当减轻劳动。自确定妊娠起即进行系统的防治观察，对妊娠反应较重者，应给以照顾，如减少工作时间，上下班时间可适当灵活，给工间休息，必要时适当给予休假等。

2. 定期产前检查及孕期保健指导

女性妊娠时，对有害职业因素的敏感性增高，对有毒有害作业职业女性，孕期除应进行常规的产前检查外，还应进行内科的系统检查，特别要注意肝肾功能的改变，除一般的血液及生化检查外，根据所接触的有毒有害因素不同，必要时还应进行其他职业病学的检查。对在孕早期曾接触可疑致畸物的职业女性，应做产前诊断，如母血胎甲球蛋白（AFP）测定，B型超声检查等，必要时可考虑羊水检查。孕期应加强营养，除保证蛋白质和热量的供给外，对钙、铁以及多种维生素需要量的供给也要保证。铅作业职业女性补充钙，镉作业职业女性补充锌，都有积极的预防作用。

3. 孕后期的健康保护

孕后期健康保护（一般是指8～10个月），对预防妊娠中毒症，预防早产及低体重儿的出生，降低围产死亡有重要意义。从事重体力劳动的工种，立位作业，以及工作中需频繁弯腰、攀高的工种，对妊娠也会有影响，孕后期应调换轻工作或减轻工作量。对生产中接触有胚胎毒性作用危险物质的妊娠职业女性，如孕期未能调离有毒有害的作业岗位时，应按高危妊娠进行管理。加强妊娠中毒症的预防，除定期产前检查中要注意血压、浮肿，蛋白尿的检查外，要重视体重的管理，如每周体重增长超过 250 g 时，就应注意有否隐性水肿等。还要预防早产，采取预防措施，如预防妊娠中毒症、产前出血、内科并发症的发生；预防外伤、跌摔、负重过度及过劳等。

4. 孕妇应禁止做夜班及避免加班

夜班作业可影响食欲下降，胃肠机能减弱，血红蛋白含量减少，对孕妇及胎儿均有不利影响。因此，在《劳动法》中已经有相应规定，孕妇不应做夜班及加班加点。

### （四）产前产后的健康保护

孕末期胎儿发育迅速，孕妇机体负担大，应注意产前休息。分娩后，生殖器官及盆底组织的恢复约需 6～8 周，可按国家有关于产假日期的规定进行适当的休息。产后休息不足，对母体健康及乳汁分泌有明显影响，并可因此而影响乳儿的发育和健康。在产假期满恢复工作时，应采取逐渐增加工作量的做法，使职业女性能有短时期的适应过程，使哺乳母亲逐渐适应边工作边哺育婴儿的双重负担，以不致影响乳汁分泌及职业女性本身的健康。

### （五）哺乳期的健康保护

哺乳期的健康保护是为了保护乳儿的健康。首要问题应注意不得因母亲参加有毒有害作业而影响乳汁的质和量，影响乳儿健康。所以，除须保证法定的哺乳时间外，哺乳母亲应暂时脱离接触有毒物质的作业。工厂哺乳室内，应有必要的卫生设备，保证母亲于哺乳前能用温水、肥皂把手洗净及在哺乳时能脱下工作服或穿上清洁罩衫。对乳母不得要求加班加点工作，应禁止乳母上夜班。

(六)更年期的健康保护

女性在更年期,卵巢分泌雌激素的功能减退,不少女性于此时出现或轻或重的植物神经系统功能紊乱,出现潮红、潮热、心悸及假性心绞痛以及忧郁、易激动、失眠,有时甚至出现喜怒无常等精神神经症状等,即更年期综合征。症状严重时可影响工作,约有10%~15%的人需要治疗。更年期一般可分为绝经前期、绝经期及绝经后期。由于个体差异,很难肯定每个人更年期开始的确切时间,一般说来绝经前期开始于45岁左右,持续2～4年或稍长的时间即进入绝经期。一般认为年龄超过45岁,停经一年以上时,最后一次的月经即可称为绝经期。月经停止后至卵巢内分泌功能完全消失的时期称为绝经后期,一般可持续6～8年。整个更年期的持续时间一般为8～12年,因人而异。

对更年期女性,保健措施中最主要的是要了解女性更年期的生理知识,消除不必要的忧虑,树立起对自己健康状况的信心,以乐观的态度对待这一生理过程。当她们出现某些神经功能失调的症状时,要给以同情和安慰,对她们提出的问题耐心地给以指导。同时也应使更年期女性工作岗位及周围的同事,适当了解她们的情况,对她们给予照顾和鼓励。更年期女性要特别注意劳逸结合,症状较重者应适当减轻工作并进行治疗。

接触某些有毒、有害因素,有可能使女职工出现早发绝经,即在40岁以前绝经。有报道说,经常接触甲苯、二甲苯的女油漆工,人造丝厂接触二硫化碳的女职工中有人出现早发绝经。酚醛塑料生产女职工中,早发绝经的频率为6.5%,酚醛塑料加工女职工中为2.6%,而普通女职工则仅为0.3%。也有人注意到更年期女性对某些毒物的敏感性增高,或使更年期综合征的症状加重。对接触工业毒物或噪声的女职工,如更年期综合征症状明显时,经治疗效果不明显,可考虑暂时调离有毒有害作业。

## 二、职业健康监护

职业女性职业健康监护的内容包括职业健康检查、职业健康档案、职业健康状况分析等方面。

### （一）职业健康检查

可分为就业前健康检查和就业后的定期健康检查两种形式。此外，在调换工作，从事特殊工种时用人单位也应进行健康检查。劳动者职业健康检查和医学观察费用，由用人单位承担。职业病普查也是一种健康检查，主要是对接触某种职业危害因素的人群，普遍地进行一次健康检查。通过普查发现职业病，还可检出有职业禁忌症的人和高危人群。

### （二）健康监护档案

(1)职业史和疾病史；

(2)职业性危害因素的监测结果及接触水平；

(3)职业健康检查结果及处理情况；

(4)个人健康基础资料等。

女职工有权查阅、复印本人职业健康档案，离开用人单位时，有权索取本人的健康档案的复印件；用人单位应当如实、无偿提供，并在提供的复印件上签章。如果确诊患有职业病，女职工可以通过法律等手段维护自身的权益。

# 第二章
# 常见职业危险、有害因素及其预防

由于女性具有特定的生理特性，对有毒化学物质的敏感性及特殊的生理周期，在作业过程中的常见职业危害包括：有毒物质，如接触铅、苯、汞、砷等毒物会妨碍胎儿的发育，导致流产、早产、和死产，有些毒物还会引起胎儿畸形。噪声、振动以及繁重的体力劳动，可引起月经不调、子宫脱垂、早产、流产等。因此，识别工作中接触的危险有害因素，并采取有效的预防控制措施对于保护职业女性的安全与健康具有重要作用。

## 第一节　有毒物质对职业女性健康的危害与预防

职业女性在生产工作的过程中，可广泛接触各种化学物质。如化学工业中的石油加工、橡胶、合成纤维、塑料、制药、油漆、染料等生产，机械工业中的电焊、电镀、喷漆等作业；纺织工业中的印染、人造纤维及化学纤维生产，以及印刷、温度表及仪表制造等工业，女职工均占有一定比例。化学实验室、医院手术室、牙科诊室、干式洗衣店工作女工、美容美发人员及女性在生产使用农药时也会接触化学物质。具体如下。

## 一、有机溶剂

有机溶剂种类繁多，包括苯乙烯、丙酮、变性酒精、苯、甲苯、二甲苯、二氯甲烷、烷基苯、白色酒精等，工业用途很广。有机溶剂可对人胚胎产生毒性反应。调查发现，母亲接触有机溶剂者，幼儿中枢神经系统畸形的几率相当于母亲为非接触者的6倍。

### （一）苯、甲苯、二甲苯

苯及甲苯、二甲苯，三者均为无色透明有芳香味的液体，挥发性强。在生产环境空气中，苯、甲苯，二甲苯常同时存在。

#### 1. 接触行业或作业

石油化工生产中可接触苯、甲苯、二甲苯，三者主要用做溶剂及化工原料。橡胶、油漆、喷漆、制药、涤纶、染料、农药、人造革生产以及印刷业中均可接触苯。甲苯毒性较苯低，近年来大量被用来代替苯作为橡胶，树脂的溶剂及油漆、喷漆、油墨等的稀释剂，亦用于炸药、制药及其他化工生产。二甲苯毒性较甲苯小，用作油漆、农药的溶剂、染料、涤纶的原料及苯、甲苯的代替品。

苯作业主要存在于：皮革、毛皮及其制品（制鞋、家具、皮革制品等），石油加工业（三苯生产），化学农药生产，有机化工原料的制造，涂料及颜料制造业，粘胶剂生产使用，油漆生产使用，家居装修等。

#### 2. 苯中毒危害

（1）急性中毒。轻度中毒时可出现眼及呼吸道黏膜刺激症状，不久出现头痛、头晕、酒醉感、倦怠、无力及恶心、呕吐。继之神志恍惚，步态不稳，此时如立即脱离现场，短期内可恢复。重度中毒时可发生昏迷，惊厥，呼吸表浅，脉搏细速，最后可因呼吸麻痹而死亡。

（2）慢性中毒。除出现轻重不等的神经衰弱综合征外，主要为造血系统的变化。初期白细胞总数可增高，随着中毒的发展，周围血液中白细胞、红细胞和血小板皆减少，发展为全细胞贫血。患者早期即出现出血倾向，如鼻出血，齿龈出血，黏膜及皮下出血，月经过多等。晚期则发展为再生障碍性贫血。苯作业工人白血病发病率比一般人群高约20倍,苯中毒时可出现白血病。甲苯蒸气主要经呼吸道侵入人体,皮肤仅能微量吸收。甲苯对皮肤黏膜有较强刺激作用。急性中毒时表现为对中枢神经系统的麻醉作用,慢性中毒时出现神经衰弱综合征。二甲苯的侵入途径同甲苯,急性毒性主要为对中枢神经系统的麻醉作用,对皮肤黏膜具有较强刺激作用。长期慢性作用可引起神经衰弱综合征和植物神经机能失调。

3. 苯、甲苯、二甲苯对女性生理的影响

接触后会引起女职工月经异常,临床表现为月经过多、经期延长、周期缩短、周期紊乱、痛经等,其中以月经过多及经期延长较多见。随着作业场所空气中苯、甲苯、二甲苯浓度的升高,月经异常患病率增高。

孕期接触甲苯、二甲苯及苯系混合物时,妊娠高血压综合征、妊娠呕吐及妊娠贫血等妊娠并发症的发病率显著提高。孕期接触甲苯,发生自然流产的风险亦增加,扩音器制造、制药及制鞋工人和接触甲苯的实验室工作人员的自然流产率增高。苯、甲苯、二甲苯可透过胎盘屏障而直接作用于胚胎组织。苯可自乳汁中排出。

苯、甲苯、二甲苯会造成母亲及其幼儿的血色素偏低。研究认为,接触者幼年子女的言语、社会认知及身体素质与动作技能四项能力都明显下降。近年来各地的皮革制造业、玩具生产中的女职工发生的严重苯中毒者很多见,苯、甲苯、二甲苯对女职工的特殊影响主要是月经不调,月经量多、经期延长等。苯还可以造成自然流产,新生儿低体重(体重低于2500克)等。因此,女职工怀孕期及哺乳期必须调离苯作业岗位,以免对胎儿产生不良影响。

近些年,制鞋女职工再生障碍性贫血罹患率较高。制鞋女职工在操作过程中,首先使用制作黏合剂的溶剂——纯苯,之后又用这种含有苯、甲苯和二甲苯的“苯胶”作为黏合剂贴鞋底、鞋帮。女职工多用手工刷胶,而苯系混合物都是极易挥发的物质,加之缺乏局部抽风排毒设备,则易于使人出现多种中毒症状。

4. 苯中毒的预防

(1)改革生产工艺,改善劳动条件。以无毒或低毒物质代替苯,如喷漆作业改用无苯稀料,制药工业以酒精代替苯作萃取剂,用无苯胶制鞋,采用静电喷漆等;在生产苯和大量使用含苯化合物的车间,安装局部抽风设施,加强通风。

(2)个人防护:进入通风不良的贮罐、车间、船舱内喷漆时,应预先打开送风设施,并实行间歇作业制度,必要时,需戴好送风式防毒面具。在加料、开盖、分装时,尽量减少出口;不用苯洗刷机件和手;不直接用口吸胶皮管;必要时,可在工作前使用聚乙烯醇皮肤防护膜涂抹双手,作业后用清水冲去;不在工作场所休息、进食。

(3)就业前体检血象指标接近或低于正常值下限者、各种血液病者、月经过多或功能性子宫出血者、全身严重皮肤病以及肝、脾疾病患者,都不宜从事苯作业。健康监护从事苯作业的工人应每年定期体检一次。

(4)在进行室内装饰时,一定要选用符合国家标准的油漆、涂料、粘胶和防水材料。如选择水性木器漆,不要用油漆封墙底等,使用含苯较高的油漆、涂料的工艺会造成长时间的室内苯污染。另外,一般在装修后不要立即入住。应通风后达到较为安全时为好。在进行装修时最重要的条件是充分的通风。

为了预防苯系混合物对女职工的危害,最根本的措施在于改善劳动条件,使工作场所空气中苯系混合物的浓度达到国家卫生标准。为此,可从两方面采取措施:严禁用纯苯作为溶剂,使用苯作为化工原料的生产设备要最大限度在实行密闭化、自动化,开敞部分要有局部抽风设备;制鞋厂及喷漆作业等首先应考虑使用低毒物质代替苯做溶剂或稀释剂,同时要安装有效的抽风排气设备。

我国有关安全与健康法规规定,女职工孕期禁忌从事工作场所空气中苯浓度超过国家卫生标准的作业;已婚待产孕的女职工禁忌从事苯作业场所属于《有毒作业分级》标准中第Ⅲ、Ⅳ级作业。苯作业女职工孕期除须进行定期的孕期检查和产前检查外,还应进行

1～2次系统的内科检查。

我国目前接触苯系混合物的职业女性人数较多，应加强安全与健康工作。除一般的预防措施外，实验室工作中，有苯、甲苯和二甲苯挥发的作业，应尽量在通风橱中操作，并注意通风换气。在工作场所空气中，苯的最高容许浓度为40 mg/m$^3$，甲苯及二甲苯为100 mg/m$^3$。因为在低于最高容许浓度的情况下工作，乳汁中仍有苯排出，乳母不应参加接触苯的作业。

(二)二硫化碳

二硫化碳是工业上应用广泛的化学溶剂，也用于粘胶纤维、四氯化碳、农药生产等。为无色易挥发的液体。二硫化碳经呼吸道进入人体，也可经皮肤和胃肠道吸收。进入体内后，10%～30%仍经肺排出，70%～90%经代谢从尿排出，重者脑水肿出现兴奋、谵妄、昏迷可因呼吸中枢麻痹死亡。个别可留有中枢及周围神经损害。慢性中毒主要损害神经和心血管系统。

1. 接触行业或作业

接触二硫化碳的作业主要有人造(粘胶)纤维和包装用的玻璃纸制造业。人造纤维的原料有二硫化碳，全部生产过程均释放二硫化碳和硫化氢。二硫化碳用作矿石浮洗剂、油脂溶剂和化工原料。在用二硫化碳为羊毛去脂的羊毛加工业，用作衣服去渍剂的干洗业，以及种库、粮仓用作熏蒸剂为粮食消毒、灭虫。

2. 二硫化碳中毒危害

由于二硫化碳对金属、木质及橡胶等都有较强的腐蚀作用，故生产设备、管道极易受腐蚀而发生跑、冒、滴、漏或突然破裂等意外事故，导致急性中毒发生。在通风不良环境中作业过久而吸入大量高浓度二硫化碳气体，引起中毒。

(1)急性中毒：仅见于生产事故时。轻者为酒醉样表现，有眩晕、头痛、恶心、步态蹒跚及精神症状；重者开始呈兴奋状态，会出现谵妄，随后表现意识丧失、痉挛性震颤，终至呼吸循环衰竭。二硫化碳对皮肤和黏膜有刺激作用，会引起疼痛、充血、红斑和大疱形成。

（2）慢性中毒：神经系统常见有神经衰弱综合征，如头晕、头痛、失眠、乏力、记忆力减退、心悸、手足多汗、血压波动等。中毒性多发性神经炎较多见，早期表现为感觉障碍、四肢麻木，病人常诉有戴“手套”或“袜套”样异常感觉；随后会有肌张力减退，偶伴有沿神经干通路的肌肉疼痛等；记忆、判断、概念形成、操作速度和共济失调等。重症中毒时可出现精神障碍和中毒性脑病，患者可出现癫痫样发作及震颤麻痹等。心脑血管系统常见有脑血管弹性减退、动脉粥样硬化等。眼常见有视力障碍、球后视神经炎或视网膜炎，眼底微血管瘤发生率增高。也可出现消化系统症状，食欲不振，腹痛，便秘或腹泻。可出现肝肿大。

3. 二硫化碳对女性生理的影响

二硫化碳作业职业女性月经机能障碍较多见，临床表现为月经周期异常、周期延长或缩短、痛经、经期延长以及月经血量过多（也有少数人表现为月经过少）等，其中以月经过多综合征（经量过多、经期延长、周期缩短）较多见。未成年（未满 18 岁）即参加二硫化碳作业的职业女性，月经异常患病率明显高于成年后开始参加二硫化碳作业者。有研究报道，接触二硫化碳的职业女性，出现早期绝经，还不满 40 岁。

接触二硫化碳的职业女性可出现卵巢内分泌机能障碍，对性激素的分泌有一定影响；还可出现提早绝经；同时可使孕妇的自然流产率和妊娠高血压综合征的发病率明显增加；有资料报告，接触高浓度的二硫化碳会大大增加继发性不孕率。

二硫化碳可以通过胎盘屏障进入胎儿体内，有胚胎毒性可增加新生儿先天缺陷危险性，以先天性心脏病、腹股沟疝及中枢神经系统缺陷为多见。另外，二硫化碳可自乳汁中排出。

4. 中毒预防

（1）二硫化碳易挥发，易燃，易爆，故在制造和使用本品的车间里，通风、照明、电源系统均须有防火、防爆装置。禁止在车间里抽烟或以明火取暖，还应安装有效的通风、排气设备。

(2)在运输或贮存二硫化碳的容器内应加入大量的水，以封闭液面，防止液体和蒸气逸出。

(3)在粘胶化纤生产厂，二硫化碳与硫化氢同时存在，设备、容器、管道等应尽量改用水泥、陶瓷、塑料管。对废气、废液，应安装二硫化碳冷却塔进行回收处理。

(4)加强个人防护。进入高浓度危险地带操作，如洗涤粘胶搅拌器、投料、管道疏通或反应炉炉顶加料等，必须事先穿戴好防毒面具，塑料手套和防护衣服，防止皮肤接触。

(5)对二硫化碳作业人员应进行就业前和每年一次的职业性体检，对患有器质性精神神经系统疾病、严重神经官能症、视网膜疾病及肝、肾疾病者，或怀疑有慢性中毒者，均不得上岗作业。

(6)我国目前规定的车间空气中二硫化碳最高容许浓度为 $10\ mg/m^3$。鉴于二硫化碳对女性机能及胚胎发育的影响，建议长期职业接触二硫化碳的应降低最高允许浓度，乳母不宜参加接触二硫化碳的作业。

(三)汽油

汽油为工业用途极广的溶剂和燃料，是一种无色或淡黄色、易挥发和易燃液体，具有特殊臭味。汽油不溶于水，易溶于苯、二硫化碳和醇，极易溶于脂肪。由于生产方法及产地不同，其成分和毒性有差异。

1. 接触行业或作业

汽油主要用作内燃机的燃料，除炼油工业外，在橡胶、人造革、油漆、染料、制药、印刷等工业中用作溶剂，机器部件和衣物的清洗去污及电镀产品的前处理，用汽油作为去油剂。

2. 汽油中毒危害

在生产环境中，汽油主要以蒸气形式经呼吸道吸收，经皮肤吸收很少。进入体内的汽油大部分很快自呼气中排出，小部分由肾排出。汽油为麻醉性毒物，在体内主要作用于中枢神经系统，引起神经细胞内类脂质平衡障碍，早期大脑皮层抑制功能失调，后期发生麻醉作用。

(1)急性中毒

轻症：出现麻醉症状，表现为兴奋、精神恍惚、酒醉样、步态不稳、震颤，可有癔病样发作；并有头晕、恶心、呕吐，黏膜刺激症状，如流泪、黏膜充血、咳嗽等。

重症：吸入高浓度汽油后，可很快出现昏迷、抽搐、肌肉痉挛、谵妄、瞳孔放大、对光反射迟钝或消失。有的病例可有颈强直、呼吸快速而浅表、血压波动、口唇发绀；有的可出现体温调节障碍，体温升高；有些病例可出现癔病样发作，精神失常，哭笑无常。检查可见肝脏肿大，肝功能异常，严重病例会留有癫痫、视神经炎、多发性神经炎等后遗症。极高浓度下可突然意识丧失，反射性呼吸停止，甚至死亡。

(2)慢性中毒

主要表现为中枢及植物神经功能紊乱，头晕、头痛、失眠、噩梦、乏力、记忆力减退等神经衰弱综合征，肌无力、震颤、手足麻木，血压忽高忽低，易兴奋，喜怒无常，兴奋或抑制状态无规律地出现，有的会出现癔病样症状，称“汽油性癔病”。皮肤干燥、皲裂，出现角化性皮炎。

3. 汽油对女性生理的影响

汽油使女性经血异常、痛经、早产、自然流产、死产的发生率增高。汽油可通过胎盘屏障进入胎儿体内，并能于胎儿组织中蓄积，使新生儿死亡及子代先天缺陷总发生率增高。汽油可自乳汁中排出。

对橡胶工业中接触汽油的女职工进行调查，与对照组女职工比较，妊娠机能未见异常，流、早产率亦不高。但当作业环境中同时存在有其他化学物质时，则对妊娠有影响。如调查某橡胶制品厂粘胶女工时，她们在工作中接触汽油及二氯乙烷，空气中汽油浓度在容许浓度水平，二氯乙烷浓度有 41.5% 的空气样品超过容许浓度 1.2～2.4 倍。接触粘胶剂女职工自然流产及早产率以及妊娠中毒症的发病率均显著高于对照组。值得注意的是，汽油可通过胎盘屏障进入胎儿体内，并能于胎儿组织中蓄积。由于汽油可在体内蓄积，排出速度较慢，妊娠女职工于脱离接触 56 天后分娩时，血中仍可检出汽油。另外，汽油可自乳汁中排出，乳汁中汽油浓度约为血中含量的 12%～18%，且接触汽油女职工乳汁分泌减少者显著多于对照组。

4. 预防措施

(1)对油料的毒性要有足够的认识，不可麻痹。工作中必须严格遵守有关操作规程。

(2)国家规定汽油蒸气的最高容许浓度为 350 $mg/m^3$，所以生产、储存、使用场所的空间汽油浓度均应在此卫生标准以下，以确保安全生产。

(3)特别要注意防止汽油泼洒、渗漏，注意工作场所的通风。

(4)严禁用嘴吸取油料，特别是含铅汽油。禁止用含铅汽油灌装打火机。禁止用含铅汽油洗涤汽车零件和衣服。

(5)接触汽油操作应穿工作服，戴防护手套，下班时要用肥皂、清水洗净手、脸，有条件最好洗澡。不要接触汽油后就立即吃食物、抽烟。

(6)油库工作人员不要随意进入油罐内清扫底油。如需要清洗油罐时，应先采取自然通风或机械通风等办法，降低罐内油蒸气的浓度。进罐人员必须穿上工作服、胶鞋、戴橡皮手套，必要时还要戴上过滤式防毒面具，系上保险带和信号绳。另外，油罐外面应有专人守护，随时联系，也便于轮换作业。每人连续工作时间不宜超过 15 分钟。

(7)工作中发现有头晕、头痛、呕吐等汽油中毒症状时，应立即停止工作，到空气新鲜的地方休息。严重者应尽快送到医院。

(8)从事接触汽油作业者，就业前均应进行健康检查。凡患有神经系统疾患、内分泌疾患、心血管疾患、血液病、肺结核、肝脏病等不宜从事此类工作，在定期健康检查中，凡确诊上述疾病的患者均应调离接触汽油工作，进行治疗与疗养。妊娠及哺乳期女性亦应暂时调离。

(四)三氯乙烯

三氯乙烯为无色液体，有似氯仿的气味。工业上主要用作金属的脱脂剂和脂肪、油、石蜡等的萃取剂，也用于有机合成工业。三氯乙烯属于蓄积性麻醉剂，可经呼吸道、消化道及皮肤吸收。对中枢神经系统有强烈抑制作用，并有一定的后作用。

1. 接触行业或作业

用于机械仪表制造业的金属脱脂和金属零件清洗，化工行业作油脂、树脂、橡胶、硝化纤维和生物碱的溶剂及制备农药的原料等，也用作冷冻剂、杀虫、消毒剂及洗衣业干洗剂等。

2. 三氯乙烯中毒

(1)急性中毒。轻者呈头痛、头晕、耳鸣、酩酊感，步态不稳，疲乏，易激动，癔病样表现，嗜睡或失眠，肢体发麻，震颤，肌肉和关节疼痛等。重者谵妄、抽搐、神志不清、昏迷、呼吸麻痹或循环衰竭。可引起中毒性肝炎及三叉神经麻痹，呈嗅觉、味觉障碍，面部、舌前部感觉丧失。

急性三氯乙烯中毒是短期内大量吸入其高浓度蒸气或液体所引起的以中枢神经系统抑制为主，累及心、肝、肾等脏器的全身性疾病。急性中毒主要发生在其生产、贮存、运输及使用过程中，因开放性操作或管道设备意外泄漏等使作业者短期内大量吸入其高浓度蒸气所致。一般在 1～5 $g/m^3$ 空气浓度下 1～2 h 或 6～20 $g/m^3$ 下数分钟即可发生急性中毒。在极高浓度下(53.8 $g/m^3$)可立刻发生昏迷甚至死亡。

(2)慢性中毒。呈疲乏无力，工作能力减退，头痛、发作性头晕、睡眠障碍，胃肠机能紊乱、心悸，胸部压迫感，心律不齐，周围神经炎，植物神经机能障碍和肝脏损害等。三叉神经麻痹的特点和急性中毒后所见相同。皮肤接触能引起皮炎、湿疹及造成皮肤干裂和继发性感染。

3. 三氯乙烯对女性生理的影响

接触三氯乙烯的职业女性，先兆流产、自然流产及早产的发病率均较对照组为高。妊娠中毒症发病率亦高于普通人群，但妊娠恶阻的发病率低于普通人群，一般认为这可能与三氯乙烯对神经系统的麻醉作用有关。分娩活动无力及产后子宫复原不全的发病率高于普通人群。

4. 预防措施

(1)使用三氯乙烯或以其作原料的产品的生产设备应密闭化，并要定期检修，防止意外大量泄漏。作业场所应具有良好的通风排气设施。我国目前规定的最高容许浓度为 30 $mg/m^3$。

(2)三氯乙烯作业应尽量杜绝开放工位或裸手浸泡与操作。当嗅及其特有的氯仿样气味，对眼睛有明显刺激感时，表明其空气浓度已超过 1 $g/m^3$，应立即戴口罩、面罩，并加强通风，及时排除泄漏源，清除泄漏液。

(3)尽可能以低毒物质代替三氯乙烯作金属脱脂剂或清洗剂。

(4)本品应妥善保管于阴凉处，避免火种，减少其蒸发。严防本品与火焰接触，以免产生高毒的光气。

(5)作业人员应禁酒，因为乙醇可加强本品及其代谢物对肝、肾和中枢神经系统的毒性作用。

(6)三氯乙烯作业人员应进行就业前及每 1～2 年一次的定期体格检查。对神经系统、心、肝、肾及眼底等有病变者，应禁止上岗。

（五）白电油（正己烷）

正己烷，一种高危险的溶剂，无色、易挥发、无味。在空调环境、没有良好的通风设备时使用正己烷，易经过皮肤和呼吸道渗透，进入人体后会引起周围神经损害，往往造成集体性中毒事件，导致严重后果，且发病症状像风湿，易被误诊。2009 年 12 月，中山市坦洲镇南华医院收治了一批来自深圳的特殊病人。16 名病人都是女职工，个个面色苍白、手脚无力，询问病情时都是虚弱地讲述："手、腿发麻，稍微一碰水就疼。"有的女职工连站立都成问题，若不是被人连扶带搀，甚至会直接瘫软在地。后经医院确诊为正己烷中毒。

1. 接触行业或作业

工业用品中正己烷常含有一定量的苯、甲苯等有机物，植物油提取、合成橡胶、聚乙烯薄膜印刷以及鞋厂、电子厂、运动器材厂等均可接触到正己烷溶剂。

2. 正己烷中毒危害

正己烷可吸入、食入、经皮吸收，含有麻醉和刺激作用。长期接触可致周围神经炎，主要表现肌力、肌张力下降，肌肉萎缩，四肢末端感觉异常，植物神经功能失调。

急性中毒：吸入高浓度本品出现头痛、头晕、恶心、共济失调等，重者引起神志丧失甚至死亡。对眼和上呼吸道有刺激性。

慢性中毒：职业性慢性正己烷中毒是由于长期接触生产环境中正己烷气体而引起的以神经系统损伤为主的全身性疾病。进入人体后主要对中枢神经系统能量代谢的影响，致神经纤维变性，导致神经衰弱综合征及植物神经功能紊乱。长期接触出现头痛、头晕、乏力、胃纳减退；早期出现四肢远端麻木、痛触觉异常、遇冷水触电感。进一步加重会出现肌力、肌张力减退、植物神经功能失调症状。严重会出现生活不能自立、乃至瘫痪。轻症病人应尽早脱离正己烷作业，中度病人一般可治愈，重症病人可留下终身残疾。

3. 正己烷对女性生理的影响

长期接触正己烷可致女性月经过多。

4. 正己烷中毒预防

(1)改进工艺，粘胶尽量少用或不用含正己烷胶水，尽量使用无毒或低毒物质替代物(用酒精，异丙醇等替代)。

(2)使用含正已烷溶剂应尽量保持密闭通风，以减少其蒸气逸出；车间应安装有效通风装置，降低工作环境中毒物浓度，定期监测工作环境毒物浓度。

(3)加强个人防护，戴防毒口罩、手套，不在车间吸烟、进食，皮肤污染后立即用清水洗干净。

(4)体检与培训，对作业工人进行上岗前和每年一次的定期体格检查，除一般体格检查项目外，应包括神经科检查。

(5)合理的工作时间，注意休息、加强营养；患有神经系统疾病的人不要接触正已烷；出现不适及时就医。

## 二、金属及其化合物中毒

### (一)铅

#### 1. 接触铅的作业

铅矿开采、金属冶炼、熔铅、熔锡；蓄电池制造与修理；印刷行业；油漆颜料生产与使用；焊接、造船；塑料制造；制造四乙基铅；陶瓷釉料、玻璃、景泰蓝；农药制造；制造合金、轴承合金、电缆包皮与接头、铅槽与铅屏蔽之修造；用于制造镇重物，如铅球等；军工生产等。

#### 2. 职业性铅中毒

铅能引起神经衰弱综合征，表现为头昏、头疼、失眠、健忘、记忆力减退。严重者会出现周围神经损害，导致垂腕；造血系统损害，出现贫血；对消化系统影响表现为，食欲减退、便秘或与腹泻交替、腹隐痛甚至绞痛。职业性铅中毒是由于接触铅烟或铅尘所致的，以神经、消化、造血系统障碍为主的全身性疾病。铅中毒可分为观察对象、轻度、中度、重度中毒。轻度、中度中毒应及时治疗，治愈后恢复原工作，不必调离铅作业岗位；重度中毒治愈后，必须调离铅作业岗位，并可根据病情给予休息。慢性铅中毒严重并长期存在时，可导致中毒性肝病及肾损害。

3. 铅中毒对女性生理及幼儿的影响

铅作业职业女性月经障碍的频率高，铅作业职业女性及男工妻子不孕、自然流产、死产、早产及婴儿死亡率增高，新生儿出生体重低，婴儿发育迟缓及智力低下的频率也增高。铅是神经毒物，可作用于中枢及周围神经系统，而发育尚未成熟的神经系统对铅的神经毒性作用更为敏感，胎儿、乳儿神经系统尚未发育成熟，易受损伤，通过母体接触铅可发生缺陷。铅作业职业女性妊娠并发症的发病率较高，主要为先兆流产及妊娠中毒症，这些并发症均可影响胎儿发育。铅经由母亲乳汁可引起乳儿铅中毒。由于婴儿较成人对毒物敏感，在母体出现中毒症状之前乳儿已可有中毒的表现。

铅作业女工还可能造成家庭中的婴幼儿铅中毒。主要是通过工作服将生产场所的铅尘携带至家中造成家庭环境的污染。小儿铅中毒的临床表现一般为慢性，早期表现为消化机能紊乱，食欲减退，恶心，呕吐，腹泻，便秘等，同时有腹痛，婴幼儿则表现为无故哭闹和厌食。常同时伴有中枢神经系统机能失调；小儿烦躁不安或冷漠厌动、倦怠、思睡，较大儿童可出现智力障碍，由聪敏变为呆滞，注意力涣散，理解力低下等。

4. 铅中毒的预防

(1)用无毒或低毒物质代替铅：如铁红代替铅丹。

(2)降低空气铅浓度：用机械代替手工浇铸；铸造机、涂片机进行密闭式生产；熔铅、铸字机安装吸尘排气罩。

(3)加强个人防护：操作时穿防护服、戴滤过式铅烟口罩；车间内严禁吸烟、进食；禁止穿工作服进入食堂、宿舍；饭前洗手、班后洗澡；坚持湿式清扫制度等。

(4)做好上岗前、定期及离岗时健康检查，严禁有职业禁忌症的人员从事铅作业，发现铅中毒应及时治疗。

(5)为防止胎儿及乳儿受铅的影响，对妊娠期及哺乳期女性接触铅应加以限制。我国目前规定的铅及其化合物的最高容许浓度，铅烟为 0.03 $mg/m^3$，铅尘为 0.05 $mg/m^3$。

(二)汞及其化合物

汞为银白色液态金属，熔点－38.8℃，沸点 356.6℃，常温下即能蒸发，温度越高蒸发量越大。汞蒸气可被墙壁、工作服吸附，洒落地面上成为小汞珠，流入缝隙，难以清除，可成为不断污染空气的来源。汞有三种形态存在自然界中，即金属汞，无机汞化合物和有机汞化合物。汞矿的开采及冶炼，用汞齐法提炼金、银等贵重金属；仪表、仪器如各种温度表、血压计、汞整流器以及荧光灯的制造；化学工业中用汞作电极、作催化剂。此外硝酸汞用于毛毡制造，升汞用于印染、鞣革，雷汞用于军火生产，有机汞化合物如甲基汞，氯化乙基汞等为农药杀菌剂，用于种子消毒。

1. 接触汞的行业和作业

汞可用于仪表制造工业：如温度表、气压表等；汞弧整流器、荧光灯、电流开关；制造各种汞盐、镜子；作为有机物质氧化过程的催化剂，从矿中提取金和银；制造汞合金；用于外科作为填充料；电解中作为阴极；也可用于制药、农业化学、防腐涂料、灭火剂等。

2. 汞中毒危害

在生产条件下，汞及其化合物主要通过呼吸道进入人体。有机汞则多由于食用被农药污染了的食品经口进入。吸入的汞蒸气经肺泡，入血分布于周身，主要蓄积在肝、肾中。金属汞及甲基汞可以在脑中达到适当的含量。汞主要通过肾及肠道经粪便及尿排出，少量可自唾液、汗腺及乳汁排出。汞进入人体后，易储存在富于脂质的器官和组织内，可通过血脑屏障进入脑组织内及侵犯神经系统。

职业性汞中毒多为慢性，急性中毒仅见于意外事故及特殊的作业，如镏金时，接触较低浓度的汞数月乃至数年可发生慢性汞中毒。易兴奋是汞中毒时突出的症状之一，即出现精神情绪障碍，急躁易怒，或胆怯、忧郁、易激动、爱哭。

(1)急性中毒。短期内大量吸入汞蒸气可发生急性中毒，患者起病急，出现头疼、头晕、睡眠障碍、易激动、手指震颤、无力、低热等全身症状；有明显的口腔炎症状，如流涎、口干、齿龈和口腔黏膜肿胀、溃疡、出血、疼痛等；伴恶心、呕吐、食欲不振、腹痛、腹泻；呼吸道刺激症状有咳嗽、咳痰、胸痛、胸闷、气急，重者会发生化学性肺炎；可有蛋白尿、尿汞增高；可伴有皮炎，全身性红斑、丘疹，可融合成片形成水疱、渗出；少数患者在吸入大量汞蒸气后可发生间质性肺炎。

（2）慢性中毒。长期接触汞，可发生慢性中毒，出现睡眠障碍、情绪不稳定等；随着中毒症状的加重会出现疲劳、注意力不集中、记忆力减退、流涎及出汗多，肌颤，以眼睑、舌、手指明显；重者出现肌张力改变，部分患者会感觉异常，也可能出现口腔炎、牙根松动、牙齿脱落。

3. 汞对女性生理及子代的影响

汞引起月经异常；随着汞接触水平的增高，月经异常的发生率也随之递增。汞作业职业女性自然流产、早产及妊娠中毒症的发病率也较高。先兆流产及妊娠中毒症的发病人数，随工龄增加及汞浓度的增高而有增加。汞对胎儿发育也有影响。汞可通过胎盘进入胎儿血循环。甲基汞是已经证实的人类致畸物。汞可由胎盘转运，孕期接触汞可影响胎盘活性，因此，不能忽视孕期接触汞对胎儿危害的可能性；汞可由乳汁传递，乳儿对汞的吸收率高于成人，并易聚集于脑组织中，对其子女发育及神经功能有一定影响。

4. 汞中毒的预防

（1）汞灌注、分装作业应在通风柜内进行，操作台设置吸风或旁侧吸风。

（2）为减少房子汞污染和沉积，车间地面、墙面、天花板、操作台宜用不吸收汞的光滑材料。操作台和地面应有一定倾斜度，地面应有储水槽，减少汞的蒸发和便于汞收集。

（3）建立卫生保健制度，加强个人卫生防护，提倡戴防毒口罩或活性炭口罩，工作服不应带出车间。

(4)有神经系统疾病、精神病患者和肝、肾疾病的人，都不宜从事汞作业。

(5)定期检测作业场所空气中汞浓度，应不超过国家规定的金属汞浓度：0.02 $mg/m^3$。汞对胎儿有潜在危害，生育年龄女性，职业接触汞的限值，汞蒸气应不超过 0.01 $mg/m^3$，无机汞和汞盐应不超过 0.02 $mg/m^3$，苯汞应不超过 0.2 $mg/m^3$。

(6)职业女性在孕期及哺乳期间，应暂时调离作业岗位。

(三)镉

镉为银白色有光泽的软金属，富有延展性。在自然界中，主要存在于锌、铝和铜矿石内。镉及其化合物主要见于冶炼含镉的矿石，电镀，制造镍镉电池、镉合金，制造颜料如镉黄(即硫化镉)，以及光电元件的制造等。

1. 接触镉的行业和作业

接触镉的工业有镉的冶炼、喷镀、焊接和浇铸轴承表面，核反应堆的镉棒或覆盖镉的石墨棒作为中子吸收剂，镉蓄电池和其他镉化合物制造等。

2. 镉中毒危害

在镉及其化合物的生产与使用中会产生镉烟、镉尘，主要通过呼吸道吸收而中毒，产生急性气管炎，支气管炎严重者会引起支气管肺炎和肺水肿，甚至死亡。未致死者可导致严重的肺通气功能障碍。口服镉化合物或含镉化合物的食品经消化道吸收也可导致镉中毒，一般经 15 分钟至数小时的潜伏期后出现恶心、呕吐、腹痛、腹泻，重者会有大汗、虚脱、肌痛等。由于镉有催吐作用，故很少发生死亡。慢性中毒的主要症状表现为肾脏和肺脏的损害，还可出现嗅觉丧失、骨质疏松、镉性黄齿、贫血等。镉对女性生殖机能也有影响，镉会使女性出现月经异常，镉还会蓄积在胎盘中，对胎盘有较强的毒性。

3. 镉对女性生理及子代的影响

调查发现，碱性蓄电池厂镉接触职业女性月经异常发生率明显高于正常女性，且随着工龄增长，月经异常的可能性增加。

大多数报道提示胎盘对镉有较好的屏障作用，能穿透胎盘屏障到达胎体的镉比较有限，大部分镉被阻隔而沉积于胎盘中，对胎盘有较强的毒性。也有报道说镉会引起新生儿出生体重降低、死产等。

4. 镉中毒的预防

(1)改革工艺流程和生产设备。加强通风排气，如果条件允许，工艺过程和操作均应密闭，采取自动化操作；合理处理含镉的废水、废渣，定期测定车间空气中镉的浓度，一旦发现镉浓度升高应立即查找原因，并积极处理；工作场地应配备适当的卫生设备。

(2)加强个人防护。接触镉烟或镉尘的工人，应佩戴防毒面具和适当的个人防护设备；使工人做到班后彻底清洗并更换工作服；禁止在工作场地吸烟、进食等。禁用镉器皿盛装食品等。

(3)接触镉烟、镉尘的工人，应进行就业前查体，患有呼吸系统疾病、肾脏疾病的工人禁止从事镉作业。

(4)就业人员应定期体检，建立健康档案。一旦发现中毒患者，应立即调离镉作业岗位，并进行治疗。

(四)砷

砷于自然界多以化合物形态混杂于各种金属矿石中，砷化合物种类很多，常见者为三氧化二砷，五氧化二砷，砷酸铅等。砷元素不溶于水，无毒，砷化合物有毒。

1. 接触砷的行业和作业

熔炼或焙烧含砷矿石时，砷以蒸气状态逸散于空气中，迅速形成氧化砷；砷酸铅为农药，用于杀虫灭螺，三氧化二砷(即砒霜)，农业用于杀虫灭鼠，皮毛工业中用于消毒防腐，玻璃工业中用作脱色剂。雌黄、雄黄，巴黎绿（醋酸铜和偏砷酸铜）均可制成含砷颜料，我国医学中应用雄黄、三氧化二砷为外用药治疗皮肤病。

2. 砷中毒

砷的氧化物和盐类可经呼吸道、消化道或皮肤进入体内。职业中毒主要由呼吸道进入引起，常称砒霜中毒，多因误服或药用过量中毒。生产加工过程吸入其粉末、烟雾或污染皮肤中毒也常见。主要经肾排出，还可经毛发、汗腺，乳汁排出，粪便排出不多。砷影响细胞正常代谢，导致细胞死亡，因而引起神经系统及其他系统的功能与器质性病变。

(1)急性中毒。在工业中很少见，主要为口服中毒。主要表现为胃肠炎症状，开始口内有金属味，继之恶心、呕吐、腹泻，大便呈“米泔样”，有时混有血。患者极度衰弱，脱水，腓肠肌痉挛，体温下降，虚脱。严重时出现神经系统症状，躁狂、谵妄、昏迷、惊厥，可因呼吸麻痹而死亡。呕吐物及尿、大便中可检出大量砷。

(2)慢性中毒。主要表现为周围神经炎、肝炎、胃炎的症状和贫血。皮肤黏膜病变易发生于皮肤皲裂处或湿润处，如口角、腋窝、腹股沟等处，出现皮炎。也可引起四肢皮肤过度角化，及引起鼻炎、结膜炎、喉炎、气管炎等。目前认为长期接触高浓度含砷粉尘可引起肺癌及皮肤癌。

3. 砷对女性生理和子代的影响

接触砷的职业女性绝经期提前。对妊娠及胎儿的影响方面，有调查显示，由于先天畸形致使婴儿死亡率增高。妊娠时于金属熔炼厂等此类工厂中工作的职业女性，新生婴儿中先天畸形高于孕期不在此类工厂中工作的女性，自然流产率也高于其他女性，且熔炼厂职业女性的新生儿体重轻。砷可经胎盘转运给新生儿，也可自乳汁排出。

4. 砷中毒预防

(1)改革工艺流程和生产设备。加强通风排气，如果条件允许，工艺过程和操作均应密闭，采取自动化操作；定期测定车间空气中砷的浓度，我国规定车间空气中砷化氢的最高容许浓度为0.3 mg/m$^3$。

(2)加强个人防护。接触砷蒸气或砷尘的工人，应佩戴防毒面具和适当的个人防护设备；使工人做到班后彻底清洗并更换工作服；禁止在工作场地吸烟、进食等。

(3)接触砷的工人，应进行就业前查体，患有呼吸系统疾病、肾脏疾病的工人禁止从事砷作业。就业人员应定期体检，建立健康档案。一旦发现中毒患者，应立即调离镉作业岗位，并进行治疗。

(4)砷的化合物对多种动物有致畸作用，我国规定，孕妇、乳母禁忌从事作业场所空气中砷化合物浓度超过最高容许浓度的劳动。

## 三、胶粘剂对女工健康危害及预防

胶粘剂是指按照规定程序，把纸、布、皮革、木、金属、玻璃、橡皮或塑料之类的材料黏合在一起的物质。胶粘剂的种类很多，通常用作胶粘剂的组分或者溶剂的化学品有：丙酮；丙烯酰胺聚合物；丙烯腈；己二酸；脂肪胺；苯；醋酸正丁二酯；丙烯酸正丁酯；丁基羟基甲苯；对叔丁酚；氯乙烯胺；氯苯；胶原；松香；环己烷；环己酮；二氨基联苯甲烷；马来酸二丁酯；反二氯苯；1,1—二氯乙烷；二氯甲烷(氯代亚甲苯)；2,2—二甲基丁烷；环氧树脂；乙醇；醋酸乙醇；乙基丁基酮；氰基丙烯酸甲酯；乙烯基丙烯酸乙酯；甲醛；正庚烷；正己烷；甲基丙烯酸；2—羟基丙酯；异丁醇；异佛尔酮二胺；异丙醇；醋酸异丙酯；煤油；马来酸酐；甲醇；甲基丁基酮；氯代亚甲基；甲基氯仿(1,1,1—三氯乙烷)；氰基丙烯酸甲酯；甲基乙基酮；甲基异丁基酮；甲基丙烯酸甲酯；甲基戊烷；石脑油溶剂；VMP 石脑油；天然橡胶乳液；氯丁橡胶；硝基苯；2—硝基丙烷；五氯苯酚；正戊烷；全氯乙烯；酚醛树脂；聚酰胺树脂；聚酯树脂；聚酰亚胺树脂；斯托达德溶剂(干洗溶剂)；丙烯酸苯乙烯酯；四氢呋喃；甲苯；二异氰酸甲苯；1,1,1—三氯乙烯；醋酸乙烯酯；二甲苯。

1. 接触胶粘剂的行业和作业

胶粘剂使用范围非常广泛，涉及 20 余个行业，分别是胶带制造业、空调业（空调设备制造和安装）、飞行器制造和维修业、家用电器组装、装订业、建筑业（地板铺设和墙面涂料）、波纹纸板制造、花纹装饰物制造、发泡垫制造、鞋类制造、家具制造、珠宝业、其他工业和服务业中的贴加商标和包装活动、叠层纸和纸板制造、皮革制品业、管道工程（聚乙烯管道和其他塑料管道）、制冷工业、橡胶制品业、玩具制造业、室内装修业。在制鞋、皮革加工、玩具制造、箱包制造等行业经常使用胶粘剂，这些几乎都属于劳动密集型产业，因此往往是流动女工较集中的地方。

2. 胶粘剂中毒危害

胶粘剂中的有毒有害物质（苯、甲苯、二甲苯、正己烷、三氯乙烯等）挥发到工作环境中，作业者主要是通过呼吸道（也可通过皮肤和消化道吸收）吸入，达到了一定的剂量就易发生职业中毒。胶粘剂分装、配胶、刷胶、涂敷、晾胶和固化干燥过程中易发生胶粘剂中毒。著名的“白沟职业中毒事件”就是在生产箱包过程中，由于使用有毒胶粘剂而又缺乏有效的职业卫生防护所引起的职业性苯中毒事件。有关部门检测其生产环境中有害物质的浓度超出国家标准达 100 多倍。使用胶粘剂的企业多为中小型企业（乡镇企业、私有企业为主），胶粘剂使用与管理比较混乱，生产环境职业卫生条件差，工人的安全与健康与职业健康监护不到位等都是造成职业中毒频发的原因。

(1)苯中毒主要引起血液白细胞减少，再生障碍性贫血，甚至白血病。

(2)吸入丙烯腈、环己烷、甲苯、二甲苯、1，1，1—三氯乙烷和三氯乙烯，可使中枢神经系统受到抑制，可出现头痛，眩晕，动作失调，麻木和昏迷。正己烷能引起多神经病变，肌肉疼痛，运动无力。

(3)三氯乙烯中毒主要引起周围神经疾病和心肝肾疾病。二甲基甲酰胺、四氢呋喃、氯乙烯可引起肝脏损害。刷胶等作业工人，可有胃肠功能失调。二甲基甲酰胺能引起血压升高。

(4)接触环氧树脂、正己烷、甲苯、氯乙烯引起皮肤过敏、接触性皮炎；接触氯丁胶的工人发生接触性皮肤色素消失；接触含有氯醇的胶(如环氧胶)引起皮肤水疱。

(5)在接触高浓度正已烷的工作场所，有发生窒息的可能性；过热的热熔黏合剂会引起一氧化碳中毒。

(6)粘接某些无机绝缘材料的细尘或纤维有可能引起尘肺；长时间吸入高浓度混合的芳香族溶剂和汽油蒸气，有可能发生肺水肿；吸入液态苯或者二甲苯，发生肺水肿、化学局部急性肺炎和出血的机会增加。

(7)美国政府工业卫生学家会议(ACGIH)已经证实苯致白血病(A1 类)；丙烯腈和丙烯酸乙酯被 ACGIH 列为可疑的人致癌物(A2 类)；丙烯酰胺、氯仿、二硝基甲苯、表氯醇、六氯乙烷、二氯甲烷、2—硝基丙烷已经被 ACGIH 归为动物致癌物(A3 类)。

3. 胶粘剂对女性生理及子代的影响

孕期接触胶粘剂，因其中含有多种有毒物质，可发生自然流产或胎儿损害。

4. 胶粘剂中毒的预防

(1)生产车间要符合建筑卫生学要求，生产区与生活区要分开。

(2)使用的胶粘剂要符合国家标准，尽可能使用无毒或低毒胶粘剂。

(3)工作场所必须安装通风排毒设施，通风换气。

(4)刷胶工人必须自我防护、定期体检、定期轮岗；劳动用工必须合法；加强工人岗前培训。

(5)以下人群不宜从事胶粘剂作业：上岗前检查血象指标低于正常值或患有各种血液疾病者；患有明显的神经衰弱综合征或神经系统器质性疾病者；有明显的心肾肝疾病者；女性“五期”或患有严

重的妇科疾病者；眼底病变者；未成年人（年龄小于18岁）。

## 四、高分子化合物生产中的毒物

### （一）氯乙烯

氯乙烯常温常压下为无色气体，加压时易液化，沸点－13.9℃。微溶于水，易溶于乙醚、四氯化碳等有机溶剂。

1. 接触行业和作业

在氯乙烯和聚氯乙烯的生产过程中，都有接触氯乙烯的可能，尤其是生产聚氯乙烯的聚合釜的清理，清釜工的慢性氯乙烯中毒可能性最大。应用聚氯乙烯树脂或含有氯乙烯的共聚物熔融后制作各种塑料制品时。释放出氯乙烯单体，有时作业环境空气中的氯乙烯浓度很高，极易引起中毒。

2. 氯乙烯中毒危害

氯乙烯主要经呼吸道进入人体，亦可经皮肤吸收。经呼吸道吸收的氯乙烯，在停止接触后10分钟内约可排出82%。急性毒性主要为麻醉作用，慢性作用可引起肝、肾病变，并具有致癌作用。

(1)急性中毒主要发生于氯乙烯聚合釜清釜工。轻度中毒时，眩晕、头痛、恶心、胸闷、嗜睡、步态蹒跚等。及时脱离现场，呼吸新鲜空气即可恢复。严重中毒时，昏迷甚至死亡。

(2)慢性中毒出现神经衰弱综合征及四肢末端麻木，感觉减退等周围神经炎症状。消化系症状可出现食欲减退、恶心、腹胀、便秘或腹泻，肝脾肿大，有贫血倾向及血小板减少。

神经系统：表现为眩晕、头痛、乏力、失眠或嗜睡、多梦、易凉醒、记忆力减退、烦躁不安等。有时呈头重感、定向障碍、性情改变、四肢酸痛、手掌多汗手指、舌和眼睑震颤等。消化系统：食欲不振、恶心、呃逆、腹胀、便秘等。肝肿大，肝功能异常。皮肤改变有皮肤干燥破裂、丘疹，粉刺，或有手掌角化、指甲变薄等改变。肤端落骨在聚氯乙烯制造的清釜工多见。表现为手指发麻指尖有刺痛或酸痛感。手部X线拍片显示末节指骨的一个或多个粗隆边缘有半月形缺损甚至骨干有溶骨性缺损，有时指关节排列不齐口。致癌：氯乙烯致肝血管肉瘤已列为国家法定职业病名单。

3. 氯乙烯对女性生理及子代的影响

接触较高浓度的氯乙烯作业职业女性，子代先天缺陷的发生率较高。氯乙烯对人类是致癌物，母亲孕期接触氯乙烯对子代的远期影响，需要高度警惕和进一步研究观察。有调查曾对氯乙烯作业职业女性的妊娠经过进行观察，发现其妊娠高血压综合征发病率高于一般水平，第一胎妊娠的发病率可高达22.6％～27.9％，且妊娠职业女性的血小板数显著低于对照职业女性，表明氯乙烯对妊娠女性的健康有一定影响，间接地也有可能影响胎儿发育。

4. 氯乙烯中毒的预防

(1)设备密闭。氯乙烯制造和聚氯乙烯制造过程中，都必须做好管道的密闭。注意设备的维修和保养，杜绝跑、冒、滴、漏。

(2)清釜技改。以往聚合釜人工清釜一釜一清，清釜工要接触大量氯乙烯。技术改造后，聚合釜壁涂防结剂，几十釜甚至上百釜清一次。清釜用高压水(20 MPa)清洗，避免了工人直接接触氯乙烯。

(3)抽取单体。从聚氯乙烯树脂成品中经冷却真空抽取氯乙烯单体，使成品中的氯乙烯单体含量由原来的1％左右，降到10 ppm以下。这样使聚氯乙烯成品的热加工中，释放氯乙烯单体的量极大地减少，减少了污染和危害。

(4)做好个体防护。进入聚合釜操作或检修时，必须戴空气呼吸器，严密防护，并加强换班，缩短接触时间。

(5)定期检测。氯乙烯作业环境的空气中氯乙烯浓度要定期检测。国家的卫生标准为30 $mg/m^3$。

(6)做好职业性体检。对氯乙烯作业工人应认真进行就业前和定期性(每年一次)体检。职业禁忌症：神经系统疾患；肝、肾疾患，慢性湿疹等。

(二)氯丁二烯

氯丁二烯为无色有刺鼻气味的液体,易挥发,沸点59.4℃,难溶于水,易溶于醇类、乙醚等有机溶剂。

1. 接触行业和作业

工业上主要用于制造氯丁橡胶(聚氯丁二烯),氯丁橡胶有耐热、耐油、耐酸碱等性能,用以制造水下电缆及电线包皮,矿石等高温物件的运输带,印刷胶漆,化工厂的防腐蚀材料等。制造氯丁橡胶时的合成,聚合及后处理过程中可有氯丁二烯逸出。

2. 氯丁二烯中毒危害

氯丁二烯可经呼吸道侵入人体,皮肤也能吸收一部分。经呼吸道吸入后,仅有2%从呼吸道及尿排出。有刺激作用及麻醉作用。

(1)急性中毒不多见。轻度中毒时,眼鼻黏膜有刺激症状,轻咳、胸痛、气急,重者可出现步态不稳、震颤、呕吐、面色苍白、四肢厥冷,血压下降,甚至意识丧失。

(2)慢性中毒。常可见头痛、头晕、倦怠乏力等神经衰弱综合征。部分患者有消瘦、恶心、呕吐、盗汗等。在生产中接触氯丁二烯人员最突出的表现为脱发,常见头发、眉毛脱落,腋毛、汗毛也会脱落。脱离接触后可重新生长。少数人可发生接触性皮炎,严重者可出现贫血、肝肿大,肝功能异常。

3. 氯丁二烯对女性生理及子代的影响

氯丁二烯对职业女性的月经、妊娠、胎儿发育以及泌乳机能有一定影响。中毒症状与氯乙烯类似,但最突出的是脱发及眉毛、腋毛、阴毛脱落、氯丁二烯作业的女工月经异常者较多,自然流产者也较多。

4. 氯丁二烯中毒的预防

(1)生产中使用的压力容器及设备管道,必须严格按照国家有关条例、规程和技术标准，进行设计、制造、安装、使用管理和定期检验。各种仪表、安全附件必须齐全，灵敏可靠。加强维护保养、消除跑、冒、滴、漏，保持设备良好。

(2)生产装置、厂房应通风良好、加强尘毒定期监测，治理污染源头，配备防毒面具和防毒口罩，工作人员要穿戴好个体防护用品，定期进行体格检查。

(3)妊娠期和哺乳期女性，应暂时脱离氯丁二烯作业。

(三)苯乙烯

苯乙烯为无色透明，具有芳香气味的液体。难溶于水，易溶于有机溶剂。沸点为146℃。

1. 接触行业和作业

苯乙烯是制造聚苯乙烯塑料的单体，聚苯乙烯多用作高频电绝缘材料，收音机、电视机、电话机等的外壳。与丁二烯可制成丁苯橡胶。与二乙烯苯可制造离子交换树脂。也可作为造漆、制药、香料等的化工原料和溶剂。

2. 苯乙烯中毒危害

可经呼吸道、皮肤和胃肠道吸收。吸入体内后60%被吸收，在体内大部分转化为由尿排出。

(1)急性中毒高浓度苯乙烯蒸气，能引起眼、呼吸道黏膜刺激症状，流泪，结膜充血，喷嚏，咳嗽。重者有眩晕，头痛，恶心，呕吐，食欲减退，步态蹒跚等。眼部受苯乙烯液体污染，可致灼伤。

(2)慢性中毒常出现神经衰弱综合征，同时伴有多汗、手指震颤、腱反射亢进等。严重时可出现周围神经病变。肝胆疾患的发病率增高，有消化系统症状，恶心，食欲不振，腹胀，右肋部疼痛等。血象轻度改变，粒细胞减少，淋巴细胞百分比相对增高。有明显黏膜刺激症状，皮肤粗糙或干裂。

3. 苯乙烯对女性生理的影响

女职工有时出现月经紊乱。苯乙烯具有发育毒性但无致畸效应。与一般人比较，接触苯乙烯女工自然流产率增加。

4. 苯乙烯中毒的预防

(1)生产中使用的压力容器及设备管道，必须严格按照国家有关条例、规程和技术标准，进行设计、制造、安装、使用管理和定期检验。各种仪表、安全附件必须齐全，灵敏可靠。加强维护保养、消除跑、冒、滴、漏，保持设备良好。

(2)生产装置、厂房应通风良好、加强尘毒定期监测，治理污染源头，配备防毒面具和防毒口罩，工作人员要穿戴好个体防护用品，定期进行体格检查。

(3)我国目前规定的车间空气中苯乙烯最高允许浓度为40 $mg/m^3$。孕妇禁忌参加超过最高允许浓度的苯乙烯作业。

(四)己内酰胺

己内酰胺为白色晶体，易溶于水及有机溶剂，属低毒类。

1. 接触行业和作业

常见于制造锦纶(卡普隆)及人造革工业，在生产锦纶—6的过程中，能以粉尘及蒸气的形态扩散于空气中经呼吸道进入人体，也可经皮肤吸收。

2. 己内酰胺中毒危害

经常接触本品的工人，可出现神经衰弱综合征，头痛、头昏、乏力、失眠、记忆力减退等。本品易溶于皮脂，故可经无伤皮肤吸收。经常接触可引起皮肤干燥，粗糙，有人且可出现接触性皮炎。

急性中毒：有报告工人短期内接触大量本品后发生全身强直，痉挛性癫痫、皮炎、发热及血白细胞增高。

慢性中毒：长期接触可出现一般神经症；少数出现支气管炎、支气管哮喘。

皮肤经常接触后可出现皮肤发红、干燥、脱屑、角化过度或皲裂、指甲变脆、变形。有时出现水疱、灼伤及过敏反应。

3. 己内酰胺对女性及子代的影响

接触己内酰胺浓度为 10 $mg/m^3$ 的女工，自然流产及妊娠高血压综合征的患病率高于对照人群。有人曾对 136 名己内酰胺作业女工妊娠及分娩经过进行观察并与对照组比较，发现妊娠高血压综合征、早产、宫缩无力、产后出血、新生儿窒息等患病率都明显高于对照人群。

国内对 552 名己内酰胺作业女工进行调查的结果，与对照组比较，在己内酰胺浓度低于 10 $mg/m^3$ 的作业条件下，女工月经异常患病率，妊娠高血压综合征发病率显著增高，而自然流产率及子代先天缺陷发生率则与对照组接近。

4. 己内酰胺中毒的预防

(1)生产中使用的压力容器及设备管道，必须严格按照国家有关条例、规程和技术标准，进行设计、制造、安装、使用管理和定期检验。各种仪表、安全附件必须齐全，灵敏可靠。加强维护保养、消除跑、冒、滴、漏，保持设备良好。

(2)生产装置、厂房应通风良好、加强尘毒定期监测，治理污染源头，配备防毒面具和防毒口罩，工作人员要穿戴好个体防护用品，定期进行体格检查。

(3)我国规定车间空气中己内酰胺的最高允许浓度为 10 $mg/m^3$。孕妇禁忌参加己内酰胺超过最高允许浓度的作业。

## 五、农药对女性健康的影响

农药种类繁多，目前全世界实际生产和使用的农药品种有 1200 多种，大量使用的有 250 多种，主要是化学农药。按其主要用途可分为杀虫剂、杀菌剂、杀鼠剂、除草剂、植物生长调节剂等。其中以杀虫剂品种最多，用量最大。常见的化学性农药按化学成分可分为：有机氯农药、有机磷农药、有机汞农药、有机砷农药、有机氟农药和有机硫农药等。

在农药生产及使用过程中，以及由于农药污染食品曾多次发生急性农药中毒的事件，如我国某药厂因精制敌百虫，曾连续发生三次集体中毒事故，中毒者达33人之多。其原因为精制过程中敌百虫溶液沾湿皮肤，生产过程又为开放式，车间空气中敌百虫浓度较高，缺乏个人防护，个人卫生较差。因此，大量敌百虫经皮肤、消化道及呼吸道进入机体，引起中毒。

在炎热的天气，空气中农药浓度增高，手及衣服污染引起中毒的情况也经常发生。如某些人用喷雾器喷洒农药，在配药以及喷洒过程中，经常发生药液滴漏，喷头堵塞，大量农药污染手及衣服，喷药后即发生急性农药中毒而住院。

农药对女性机能的影响目前已引起人们重视。化学农药可通过胎盘屏障，到达胎儿体内，对发育中的胚胎或胎儿产生影响。农药进入女性体内，可引起遗传性的或非遗传性的损伤。对人体发生的影响常常自第二代甚至第三代时才开始出现。现就常用农药对女性的影响阐述如下。

### (一)有机氯农药

#### 1. 接触机会

有机氯农药近年来广泛用于农业及卫生工作，是一种高效、价廉的杀虫剂。常用的有机氯农药有DDT、六六六、艾氏剂、氯丹、毒杀芬等。这类农药曾经是应用最广、用量最大的农药，由于其性质稳定，不易分解，可长期残存在土壤及人畜体内。长期大量使用可造成对环境的污染，破坏生态平衡，危害人类健康。目前我国及欧美、日等国已禁止使用。

#### 2. 对人体的危害

有机氯杀虫剂一般为结晶或黏稠液体，不溶于水而易溶于多种有机溶剂、植物油和动物脂肪中，性质稳定，对人、畜毒性低，但残效持久。有机氯杀虫剂毒性主要损害中枢神经系统的运动中枢、小脑、肝和肾脏。

(1)急性中毒。多由于误服或大量集中喷药所致。轻度中毒时有头痛,头晕、视力模糊、恶心、呕吐、腹泻、出汗、失眠、噩梦、全身乏力,肌肉轻度震颤,有时出现明显的神经系统兴奋性增高,可突然发生肌束颤动。严重中毒时发生阵挛性、强直性抽搐,甚至失去知觉。有的严重病人在强烈和反复发作后陷于木僵、昏迷和呼吸衰竭。

(2)慢性影响。长期接触有机氯农药可引起全身倦怠,四肢无力,头痛,头晕,食欲不振等消化系统症状。严重时还可引起震颤,肝、肾损害,有时出现末梢神经炎。

3. 对女性生殖机能的影响

在职业接触各种有机氯农药的女性中,月经障碍,不孕,输卵管炎,宫颈糜烂和子宫纤维瘤的发病率增加。另外,有机氯农药可透过胎盘到达胎儿体内,有明显的蓄积作用。有机氯农药可经乳汁排出。

(二)有机汞农药

1. 接触机会

农业上有机汞主要用作杀菌剂,用于麦种的灭菌消毒。主要品种有西力生(氯化乙基汞)、赛力散(醋酸苯汞)、谷仁乐生(磷酸二乙基汞)、富民隆(磺胺苯汞)等。但因毒性大,作用持久,容易污染粮食、土壤及水源,不易去除,我国已禁止生产、进口和销售。在生产、施药以及包装、运输等过程中由于密闭不严,有毒气体或粉尘大量逸出。

2. 对人体的危害

有机汞是亲脂性毒物,侵入人体后主要侵犯神经系统。有机汞中毒的主要表现:无论任何途径侵入(吸入、食入、经皮肤吸收),均可发生口腔炎,口服者引起胃肠炎。精神症状有神经衰弱综合征、精神障碍、昏迷、瘫痪、震颤、共济失调、向心性视野缩小等。可发生肾脏损害。可致皮肤发生剥脱性炎症。在日本发生的震惊全球的公害病——水俣病就是有机汞中毒。病人脑组织的损害，神经系统症状非常突出，全身抽搐，肌肉震颤，病人非常痛苦。

3. 对女性生殖机能的影响

有机汞能通过胎盘导致有缺陷的胎儿出生。孕妇本人无明显中毒症状，血清及头发中汞的含量也不高，但胎儿对有机汞的毒性作用比母亲更敏感，出生后易畸形。

（三）有机磷农药

1. 接触机会

有机磷农药是目前农业上使用比较广泛，用量较大的一类农药，品种很多，具有杀虫效率高，防治范围广，成本低，对植物药害小，很少蓄积中毒，选择作用高等优点。近年来，高效、低毒的有机磷杀虫剂，已部分替代有机氯杀虫剂。

有机磷农药属有机磷酸酯类化合物，是使用最多的杀虫剂。它的种类较多，包括甲拌磷（3911）、内吸磷（1059）、对硫磷（1605）、特普、敌百虫、乐果、马拉松（4049）、甲基对硫磷（甲基 1605）、二甲硫吸磷、敌敌畏、甲基内吸磷（甲基 1059）、氧化乐果、久效磷等。有机磷农药除少数品种为固体（如敌百虫）外，多数为油状液体，工业品呈淡黄色至棕色，具有大蒜样特殊臭味。一般不溶于水，而溶于多种有机溶剂及油中，遇碱易分解破坏，但敌百虫能溶于水，在碱性溶液中可变成毒性较大的敌敌畏。

2. 对人体的危害

有机磷农药能通过消化道，呼吸道及完整的皮肤和黏膜进入人体，迅速分布到全身各器官与组织，进入体内的有机磷农药经氧化及水解而迅速破坏，主要经肾脏排出。有机磷化合物的毒作用主要是引起神经功能紊乱。

(1)轻度中毒：可出现头痛、头晕、恶心、呕吐、多汗、视物模糊、无力、胸闷、瞳孔缩小等。

(2)中度中毒:除上述症状加重外,还可出现肌肉震颤、轻度呼吸困难、腹痛腹泻、流涎、瞳孔明显缩小。

(3)重度中毒:呼吸极度困难、肺水肿、肌肉震颤、瞳孔缩小如针、昏迷、脑水肿等。

急性中毒早期可出现恶心、呕吐、多汗,流涎,瞳孔缩小,视力模糊,呼吸道分泌物增多。病情进一步发展可出现肌纤维震颤以及中枢神经系统症状,一般表现头昏、头痛、乏力、失眠等,重者出现昏迷,抽搐。因呼吸中枢或呼吸肌瘫痪而危及生命。

3. 对女性生殖机能的影响

在大量使用有机磷的女性中发现不孕,月经障碍及女性绝经早。有机磷对子代发育也有影响,对敌百虫的作用最敏感的是骨髓系统。空气中较低浓度的敌百虫(0.005～0.02 $mg/m^3$)即可引起胎儿的脊髓不正常弯曲及四肢骨骨化不全。当浓度增高到 0.2～9 $mg/m^3$ 时,不仅骨骼障碍的频率增加,且出现各种内脏畸形,脑发育不全,颈动脉扩张,各种局部的出血等等。有机磷制剂可引起妊娠机能障碍。

(四)农药危害的预防

(1)加强农药的安全生产、运输及保管

在农药的合成、加工、包装等生产过程中,生产设备应密闭,防止药剂溅到皮肤、黏膜,污染空气。在出料、分装及检修时,空气浓度较高,而且经皮肤接触的机会也较多。因此,对农药经皮肤吸收的危害性应有足够重视,防止农药污染衣服经皮肤侵入。

在运输过程中,农药不得与粮食及其他食物、日用品混合装载,装卸时应注意安全,防止包装破损渗漏。被污染的地面、包装材料、运输工具等应及时清理。

(2)严格遵守安全操作规程

严格掌握农药使用范围、剂量和浓度。尽量选择高效、低毒农药,逐步代替毒性较高的农药。配药、拌种应在露天场所进行,要远离水源、粮食、仓库及住宅等，并需有专用容器和工具，在上风侧操作，避免、吸入农药。喷洒农药要按照顺风喷药、逆风走路的原则及采取隔行喷洒等办法，防止农药污染皮肤、衣服，要正确掌握用药浓度。拌过农药的多余种子应妥善保管，各种容器、工具应在指定地点清洗，防止污染水源、鱼塘等。施药工具应有专人负责保管、维修。生产和使用农药要戴口罩、眼镜、手套、穿长衣长裤，之后要及时洗手，更换衣物。操作时严禁进食和抽烟。

(3)女性于妊娠期和哺乳期应避免接触农药。

## 第二节　粉尘对职业女性健康的危害与预防

生产性粉尘是指在生产过程中形成的、并能较长时间悬浮在生产环境空气中的固体微粒。它不仅是严重危害职工健康的主要职业性有害因素；而且还可污染周围环境，危害居民的健康。在生产作业过程中接触粉尘可导致职业病，尘肺是在生产过程中长期吸入粉尘而发生的以肺组织纤维化为主的疾病。不同的粉尘可致不同的尘肺，纺织厂工作职业女性经常会吸入棉、亚麻或大麻等粉尘，可引起棉尘症。粉尘还可致粉尘性支气管炎、肺炎、哮喘性鼻炎支气管哮喘等。粉尘可引起堵塞性皮脂炎、粉刺、毛囊炎、脓皮病。粉尘还可导致中毒，如铅、砷、锰等粉尘。

### 一、接触行业或作业

(1)固体物质的破碎或机械加工：例如矿石的钻孔、爆破和粉碎，金属的切削和研磨以及粮谷的脱粒和磨粉等均可产生粉尘。

(2)可燃性物质的不完全燃烧：例如煤炭燃烧时可产生烟尘。

(3)某些物质加热时产生的蒸气在空气中冷凝或氧化：例如熔炼黄铜(含锌)时可产生氧化锌的烟尘。

(4)粉末状物质的混合、过筛、包装、搬运等：例如调制型砂、包装水泥等均可产生粉尘。

此外，沉积于车间的降尘由于振动或气流的影响又悬浮于空气中（二次扬尘），也可成为生产性粉尘的来源。

尘肺是我国目前最重要（严重）的一种职业病。在矿山、水电等工程建设过程中，可能发生尘肺的主要工种有：开挖各工种，风钻工，爆破工，水泥搬运与拆包工，破碎工，筛分工，电焊工，喷砂除锈工以及其他生产过程中接触各种粉尘的工人。

## 二、生产性粉尘对人体健康的影响

生产性粉尘在呼吸道的阻留和清除粉尘颗粒进入呼吸道后，通过截留、撞击、沉降、弥散等方式阻留在呼吸道各部位，但可通过人体的各种清除功能绝大部分被排出体外，仅有2%～3%沉积在体内。人体对吸入的粉尘虽然有各种清除功能，但若长期吸入高浓度的粉尘，而使尘粒过量沉积，则可对人体产生不良影响，甚至形成疾病。

（1）局部刺激：吸入的粉尘颗粒首先作用于呼吸道黏膜，可引起鼻炎、咽炎、喉炎、气管炎和支气管炎等呼吸道炎症；刺激性强的粉尘（如石灰、砷、铬酸盐尘等）可引起鼻黏膜糜烂、溃疡，甚至发生鼻中隔穿孔。进入眼内的粉尘颗粒，可引起结膜炎等；金属和磨料粉尘颗粒可引起角膜损伤，导致角膜感觉低下和角膜混浊。沉着于皮肤的粉尘颗粒可堵塞皮脂腺，易于继发感染而引起毛囊炎、脓皮病等。

（2）中毒：吸入铅、锰、砷等毒物粉尘，可引起全身中毒。

（3）变态反应：棉、大麻、对苯二胺等粉尘可作为致敏原引起变态反应，出现支气管哮喘、湿疹等。

（4）光感作用：沉着于皮肤的沥青粉尘，在日光的照射下产生光化学作用，可引起光照性皮炎等。

（5）致癌：放射性物质、镍、铬酸盐等的粉尘可引起肺癌；石棉粉尘可引起间皮瘤。

（6）感染：旧布屑、谷物和兽毛等粉尘能携带病原菌（如丝菌、放射菌和炭疽杆菌等),可引起肺霉菌病或炭疽病等。

(7)致纤维化作用:长期吸入矽尘、石棉尘等可引起肺组织的进行性、弥漫性的纤维组织增生而发生尘肺。

## 三、尘肺的种类与危害

尘肺是长期吸入生产性粉尘而引起的以肺组织纤维化为主的全身性疾病。按粉尘的性质可将尘肺分为以下五类:①矽肺:由于长期吸入游离二氧化硅粉尘所引起的尘肺。②矽酸盐肺:由于长期吸入结合状态的二氧化硅粉尘所引起的尘肺。例如,石棉肺、滑石尘肺、云母尘肺、水泥尘肺等。③炭尘肺:由于长期吸入煤炭、炭黑、石墨等等粉尘所引起的尘肺。例如,煤肺、炭黑尘肺、石墨尘肺、活性炭尘肺等。④混合性尘肺:由于长期吸入含有游离二氧化硅和其他某些物质的混合性粉尘所引起的尘肺。例如,煤矽肺、铁矽肺等。⑤其他尘肺:由于长期吸入铝及其氧化物所引起的铝尘肺,或长期吸入电焊烟所引起的电焊工尘肺等。

国家现行《职业病名单》中规定的尘肺有 13 种:①矽肺;②煤工尘肺;③石墨尘肺;④碳黑尘肺;⑤石棉肺;⑥滑石尘肺;⑦水泥尘肺;⑧云母尘肺;⑨陶工尘肺;⑩铝尘肺;⑪电焊工尘肺;⑫铸工尘肺;⑬根据《尘肺病诊断标准》和《尘肺病理诊断标准》可以诊断的其他尘肺。

尘肺病的主要表现具体如下:

(1)咳嗽:早期不明显,随着病情的进展,病人多合并慢性支气管炎,晚期病人多合并肺部感染,均会使咳嗽明显加重。另外,咳嗽还与季节、气候有关。

(2)咳痰:一般咳痰量不多,多为灰色稀薄痰。如合并肺内感染及慢性支气管炎,痰量会增多,痰呈黄色黏稠状或块状,常不易咳出。

(3)胸痛:尘肺病人常感觉胸痛,部位不一,且常有变化,多为局限性。一般为隐痛,也可胀痛、针刺样痛等。

(4)呼吸困难：随着肺组织纤维化和合并症的发生会明显加重呼吸困难。

(5)其他：除上述呼吸系统症状外，可有程度不同的全身症状，常见有消化功能减弱等。

## 四、尘肺病的预防

工业粉尘如不加以控制，将破坏作业环境，危害工人身体健康，损坏机器设备，并污染大气环境。《工业企业设计卫生标准》规定了车间空气中粉尘的最高允许浓度。粉尘作业的安全与健康管理应采取三级防护原则：

一级预防：①综合防尘。改革生产工艺、生产设备，将手工操作转变为机械化、密闭化、自动化和遥控化操作；尽可能采用不含或游离二氧化硅含量低的材料；在工艺许可的条件下，尽可能采用湿法作业；使用个人防尘用品，做好个人防护。②定期检测作业环境的粉尘浓度，以达到国家标准规定的允许范围。③根据国家有关规定对工人进行就业前的健康体检，对患有职业禁忌症者、未成年工、职业女性不得安排从事禁忌范围的工作。④加强宣传教育，普及防尘基本知识。⑤加强对除尘系统的维护和管理，保持完好、有效的状态。

二级预防：建立专人负责的防尘机构，制定防尘规划和制度；对新从事粉尘作业的职工，必须进行健康检查；对在职从事粉尘作业的职工，必须定期进行健康检查，发现不宜从事粉尘工作的职工，要及时调离。

三级预防：对已确诊为尘肺病的职工，应及时调离原工作岗位，安排治疗或疗养。

粉尘作业工人的卫生保健措施有：①就业前的健康检查，及时发现从事粉尘作业禁忌症，如活动性肺结核、慢性肺部疾病、严重的慢性上呼吸道和支气管疾病以及心血管疾病等。②工作期间进行定期健康检查，早期发现尘肺病人，及时采取防治措施。③定期对粉尘作业环境进行监测。了解作业场所劳动条件,及时落实或改进防尘措施,改善劳动条件。④加强粉尘作业工人的个人防护,常用的个人防护用具有防尘口罩、防护面具、防护头盔和防护服等。粉尘作业工人必须养成良好的个人卫生习惯,如勤换工作服、班后洗澡、保持皮肤清洁。还应加强营养,劳逸结合,生活有规律。

## 第三节　物理因素对女性健康的危害与预防

在工作环境中,与作业者健康密切相关的物理性因素包括气象条件,如气温、气湿、气流、气压;噪声和振动;电磁辐射,如X射线、γ射线、紫外线、可见光、红外线、激光、微波和射频辐射,等等。在正常条件下所接触到的物理因素,其强度或剂量对人体是无害的,有些还是人类生存所必需,但当其强度、剂量超过一定限度时,则可对人体产生不良影响。

### 一、异常气象条件对女性健康的影响

#### (一)高温作业

高温作业时,人体可出现一系列生理功能改变,主要为体温调节、水盐代谢、循环系统、消化系统、神经系统、泌尿系统等方面的适应性变化。高温可导致急性热致疾病和慢性热致疾病。根据人体实验结果,在高温下人机体的反应是有性别差异的。女性发汗量低,在高温条件下机体的水分及盐分消耗,按每公斤体重计算,低于男性。体温增高程度也小于男性,但疲劳症状较男性明显。在高温下进行体力劳动时女性循环系统的负担大于男性。

1. 高温作业接触行业和作业

高温作业分为三种类型:①高温、强热辐射作业型。其特点是气温高,热辐射强度大,相对湿度低,形成干热环境。②高温高湿作业型。气象特点是气温、气湿高,而辐射强度不大,形成湿热环境。

③夏季露天作业型。除夏季太阳的辐射外，还接受被加热的地面及周围物体放出的辐射热，形成高温热辐射作业环境。

高湿、高湿作业的场所主要有印染、缫丝、造纸等工业中液体加热或蒸煮等作业车间，气温常可达35℃以上，相对湿度达90%以上。如通风不良，就会形成高温、高湿和低气流的湿热环境。

2. 高温作业对人体生理功能的影响

高温作业会引起人体一系列生理功能的改变，主要为体温调节、水盐代谢、循环系统、消化系统、神经系统、泌尿系统等方面的适应性变化。机体向外散热的方式主要是传导、对流、辐射和蒸发。气温在30℃以下而低于皮肤温度时，人体主要通过对流和辐射散热；当气温升高到与皮肤温度接近(33℃)、具有较强的辐射源存在时，对流和辐射方式散热即受到限制，人体只能靠出汗蒸发来散热。在高温生产环境里，特别是炎热季节，若劳动强度大，体内产热多，必须蒸发更多的汗液才能维持机体的热平衡。但如果排出的汗液不是以蒸发的方式散出，而是以成滴的汗液淌下来，则不但起不到蒸发散热的作用，还可能造成机体蓄热而引起中暑。

(1)作业环境对人体循环系统、消化系统的影响

在长期的高温作用下，由于机体水分损失，血液浓缩，以及为增加散热而向高度扩张的皮肤血管网内输送大量血液，使心脏负担加重、血液温度增高、心率增加；长期在高温环境下劳动，心脏经常处于紧张状态，久之会使心脏生理性肥大、血压下降。

在高温下作业，会引起消化道贫血，并会出现唾液分泌减少，淀粉酶活性降低，胃蠕动减弱，胃液分泌减少，从而造成食欲减退；高温条件下口渴会引起饮水中枢兴奋，抑制食物中枢，引起食欲减退。此外，由于大量排汗和氯化物的损失，会引起胃液酸度减低，再加上口渴，大量饮水，胃酸被稀释会导致消化不良及其他胃肠道疾病。

(2)高温作业环境对人体泌尿系统、神经系统的影响

高温环境作业，由于大量出汗，水盐大部分经汗腺排出，经肾脏排出量大大减少，如果水盐供应不足，会使尿液浓缩，增加肾脏负

担，引起肾功能不全。在高温、热辐射环境下作业，还会出现中枢神经系统抑制，注意力不集中，共济失调，反应迟钝，动作的准确性降低。

(3)高温引起的热痉挛、热衰竭和日射病

热痉挛是由于水和电解质平衡失调所致。高温作业时由于大量出汗，引起缺水、缺盐，而发生肌痉挛。痉挛以四肢肌、咀嚼肌及腹肌等经常活动的肌肉为多见。痉挛成对称性、阵发性，伴有肌肉收缩痛。轻者不影响工作，重者剧痛难忍，体温多正常，患者神志清醒。熟衰竭也称热晕厥或热虚脱。一般认为是由于热引起外周血管扩张和大量失水，造成循环血量减少，导致颅内供血不足。一般起病迅速，头晕、头痛、心悸、恶心、呕吐，便意、大汗、皮肤湿冷，体温不变，脉搏细弱，血压下降，面色苍白，继而晕厥。

日射病是中暑的一种类型，多发生于炎热夏季露天作业，日射病是由于太阳辐射或强烈的热射线直接作用于无防护的头部，致使颅内组织受热，脑膜温度升高，脑膜和脑组织充血等变化而引起。表现为剧烈头痛、头晕、眼花、耳鸣、恶心、呕吐、兴奋不安、意识丧失，体温升高等症状。

3. 对女性生殖机能及子代的影响

高温对女性生殖机能及胚胎发育有很大的影响，由于女性蒸发散热量较男性低，使中心体温与体表体温差别变小。另外，女性的心输出量低于男性，因此，不利于通过血循环将体内代谢产生的热量带至皮肤散发。女性体温调节还受内分泌和月经周期的影响，女性体液含量较男性低，从而女性对热耐受性较低，易受高温作业环境的不利影响，引起月经异常；高温是人类致畸因素之一，会导致子代先天缺陷或发育异常，其与神经管缺陷的发生有关。

4. 中暑预防

中暑的治疗原则是，迅速离开高温和热辐射的环境，到通风良好的阴凉地方安静休息，解开衣服。降低体温，口服含盐清凉饮料。

有头晕、呕吐或腹泻者，可选用解暑片、藿香正气水（丸）等解暑药物。防止休克，纠正水电解质紊乱，对症治疗。如果出现重症中暑，应迅速送医院救治。

(1)根据国家卫生标准，合理设计和改革工艺过程，尽量实现机械化和自动化生产，可以从根本上改善劳动条件，避免工人在高温或强辐射条件下劳动，减轻劳动强度。

(2)高温季节，应根据生产特点和具体条件，适当调整劳动休息时间，增加工间休息次数，缩短劳动持续时间。高温车间附近应建立休息室，以供工间休息之用。

(3)高温作业工人需要合理供给清凉饮料，及时补充水分和盐分。饮料种类有盐汽水、盐茶水等，一般每人每天需补充水 3～5 L，盐 20 g 左右，其中包括从膳食中摄入的量。高温作业时，能量和蛋白质消耗增加，需从膳食中补充足够的热量和优质蛋白质，供给足量的动物肝、鱼、蛋、鸡、瘦肉，以及植物性食物黄豆、毛豆等，以保证补足丢失的微量元素铁、锌等。同时还应增加维生素的摄入，特别是 B 族维生素和维生素 C 的摄入。

(4)高温作业人员应穿导热系数小、透气性能好的工作服，适当佩戴防热面罩、防护眼镜、工作帽、手套、鞋盖、护腿等防护用品。特殊的高温环境，需特制的隔热服、冷风衣、冰背心等。

(5)高温作业就业前和入暑前应进行健康检查，有就业禁忌症、重病恢复期、年老体弱者，不宜从事高温作业。

### （二）寒冷（低温）作业

#### 1. 接触行业或作业

国家标准规定：在生产劳动过程中，其工作地点平均气温等于或低于 5℃的作业为低温作业。低温作业多见于：寒冷季节从事室外作业；某些需要在低温环境下操作，如食品、药品生产加工；冬天室内无采暖的情况下的作业；冷冻冷藏室或冷库中的作业。

国家标准规定：在生产劳动过程中，操作人员接触冷水温度等于或低于12℃的作业为冷水作业。冷水作业多见于捕鱼、打捞、水产品养殖、水产品或海产品加工、农副产品加工、餐饮业、冷冻冷藏等生产劳动中。

国家有关标准规定女职工在月经期间时，不能从事低温、冷水作业。

2. 低温对人体健康的影响

(1)低温使人脑高能磷酸化合物的代谢降低，神经兴奋性与传导能力减弱，出现痛觉、迟钝，如嗜睡状态。长时间的寒冷条件，会导致循环血量、白细胞如血小板减少，引起凝血时间延长，血糖降低，血管长时间痉挛，易于形成血栓。

(2)全身过冷引起身体组织血液供应障碍，免疫力降低，抵抗力下降，而易患感冒、肺炎、心内膜炎、肾炎及其他传染性疾患。在低温条件下，易引起肌肉酸痛、神经痛、肌炎、神经炎、腰腿痛和风湿性疾病等。

(3)低温首先使人感觉不舒适，长时间的低温可能引起人体的暴露部位如颜面、耳朵、手和脚发生冷损伤，重时肢体局部会出现坏疽。最易发生冻伤的环境温度在冰点以上0～10℃的潮湿阴冷环境之中。

3. 低温对职业女性的健康影响

女性较男性每千克体重产热量低，因此低温环境下，为保持一定体温而增加的机体负担大于男性；虽然女性皮下脂肪丰富，对防止体热外散有一定作用，女性耐寒能力优于男性，但低气温下女性在皮肤血管收缩的同时内脏淤血，会使月经时的症状如痛经加重，故在寒冷作业环境下工作的职业女性，患痛经及白带多者较多；因此职业女性月经期不适宜参加低温作业。我国《女职工禁忌劳动范围的规定》第四条规定，女职工在月经期间禁忌从事食品冷冻库内冷水等低温作业。

4. 防寒保暖措施

(1)设置必要的取暖设备,使低温作业地点经常保持合适的温度。冬季在露天工作或缺乏采暖设备的车间内工作时,应在工作地点附近设立取暖室,以供职工轮休取暖之用。

(2)个人防护,重点加强手、脚、膝关节、腰腹部的冷防护;低温车间或露天作业工人应穿防寒服、鞋、帽、手套等,工作时如衣服潮湿,须及时更换并烘干;在潮湿环境下劳动时,应发给橡胶工作服、围裙、长靴等防潮用品。

(3)增强耐寒体质,人体皮肤在长期反复寒冷作用下,会使表皮增厚,御寒能力增加而更适应寒冷的刺激,可经常冷水擦身或冷水浴。适当增加营养,吃一些含热量较高的食物如动物脂肪、猪肉、牛肉等;多补充维生素 A,$B_2$,C 等。

(4)坚持健康检查,凡患有高血压、心脑血管疾患、肝脏病、胃肠机能障碍、肾功能异常者,应避免从事寒冷作业,年老体弱者亦不宜从事寒冷工作。

## 二、噪声与振动

### (一)噪声

1. 接触行业和作业

生产环境中,由于物体的冲撞,机器的转动,高压气流的运动等等,可产生噪声。噪声有连续性的及间断性(脉冲性)的。接触强烈噪声的工种有使用风动工具(风钻、风铲)的工人,纺织厂的织布工人,发动机试验人员等。长期接触噪声会对人体产生危害,其危害的因素主要决定于噪声强度(声压)的大小、频率的高低和接触时间的长短。一般认为强度大、频率高、接触时间长则危害大。其他如噪声的特性(连续噪声或脉冲噪声)、接触的方式(连续或间断接触)和个体敏感性也有关,脉冲噪声比连续噪声、连续接触比间断接触危害大。

2. 噪声对人体的危害

噪声对中枢神经系统有强烈刺激，可使中枢神经系统机能失调而出现一系列症状，如神经衰弱综合征，植物神经机能失衡，出现心率快、血压不稳、血管紧张度增高等。消化系可出现胃功能紊乱，食欲不振，胃液分泌减少，蠕动减慢。噪声对听觉器官影响的结果，可引起噪声性耳聋。

噪声强度越大，频率越高时，对人体的危害越大，持续性噪声比间断性噪声影响大，接触时间长且连续接触时影响大。当与振动、高温或寒冷及有毒物质共同存在时，能加强噪声的不良作用。噪声对人体的影响是多方面的，50 dB 以上开始影响睡眠和休息，特别是老年人和患病者对噪声更敏感；70 dB 以上会干扰交谈，妨碍听清信号，造成心烦意乱、注意力不集中，影响工作效率，甚至发生意外事故；90 dB 以上，若长期接触会造成听力损失和职业性耳聋，甚至影响其他系统的正常生理功能；如果连续接触高噪声，病程进一步发展，语言频段的听力开始下降，达到一定程度，即会影响听清谈话，当出现了语言聋的现象时，其耳聋的病理变化是不可逆转的。有些作业如爆破、武器试验等，由于防护不当或缺乏必要的防护措施，会因爆破所产生的强烈噪声和冲击波造成急性听觉系统的严重损伤而丧失听力，称为爆震性耳聋，会出现鼓膜破裂，中耳听骨错位，韧带撕裂，内耳螺旋器破损，甚至出现脑震荡；患者主要表现为耳鸣、耳痛、恶心、呕吐、眩晕；检查会发现听力严重障碍甚至全聋；如内耳未受严重损伤，听力可全部或部分恢复。

其他方面的影响还有如神经衰弱综合征，脑电图异常，植物神经功能紊乱，血压不稳，心率加快，心律不齐，胃液分泌减少，胃蠕动减慢，食欲下降，甲状腺功能亢进，肾上腺皮质功能增强，性功能紊乱，月经失调等。对噪声性耳聋目前还没有有效的治疗方法，故早期进行听力保护，加强预防措施非常重要。

3. 对女性生殖机能及子代的影响

(1)接触高强度噪声会导致月经异常，表现为月经紊乱、经期延长、血量异常、痛经等。

(2)接触高强度噪声，特别是接触 100 dB 以上强度噪声的职业女性，其妊娠恶阻及妊娠高血压综合征发病率明显增高。

(3)对胎儿的影响：孕妇腹壁接受音响刺激时，胎动次数及胎儿心率有改变，胎儿心率加快；孕妇长期接触噪声引起子宫收缩，所出生低体重儿发生率增高，对神经系统先天畸形可能有轻度影响。

(4)孕妇接触 100 dB 以上噪声至少 1 个月，对胎儿听觉发育有直接影响。

(5)孕妇长期接触噪音，所出生低体重儿发生率增高，对神经系统先天畸形可能有轻度影响。

4. 预防噪声的措施

我国《工业企业噪声卫生标准》规定：工业企业的生产车间和作业场所的工作地点噪声容许值为 85 dB(A)。现有工业企业经过努力暂时达不到标准时，可适当放宽，但不得超过 90 dB(A)。控制噪声应从声源、传声途径和人耳这三个环节采取技术措施。

(1)控制和消除噪声声源是一项根本性措施。通过工艺改革以无声或产生低声的设备和工艺代替高声设备。如以焊代铆，以液压代替锻造，以无梭织机代替有梭织机等等。

(2)合理进行厂区规划和厂房设计。在产生强噪声车间与非噪声车间及居民区间应有一定的距离或设防护带，噪声车间内应尽可能将噪声源集中并采取隔声措施，室内装设吸声材料以降低车间内的反射声。

(3)对局部噪声源应采用消声装置以隔离和封闭噪声源。

(4)控制噪声的传播和反射。可用多孔材料如玻璃棉、矿渣棉、泡沫塑料、毛毡棉絮等，装饰在室内墙壁上或悬挂在空中，或制成吸声屏。对于各种风机、空压机、内燃机等进、排气的噪声，可用消声器，还可用阻声墙、隔声室、隔声罩、隔声门窗、地板等。

(5)个体防护。岗位噪声超过国家卫生标准的职工，可采用个人佩戴耳塞、耳罩或头盔来保护听力。

(6)定期对接触噪声的工人进行听力及全身的健康检查，如发现高频段听力持久性下降并超过了正常波动范围(15～20 dB)，应及早调离噪声工作岗位。新工人就业前体检，凡有感音性耳聋及明显心血管、神经系统器质性疾病者，不宜从事噪声作业。

(7)治疗噪声聋尚无特殊疗法，所以应加强预防，发现前期征兆应脱离噪声环境；在治疗中对全身症状首先要调节中枢神经系统的功能，纠正植物神经功能紊乱，可适当给予镇静剂；如出现高血压、血管痉挛，可给予降血压药物治疗；同时可用维生素治疗，尤其是维生素 $B_1$；患者可常服维生素 A，以促进内耳神经细胞的核酸代谢。近年来临床常用血管舒张疗法，促进毛细血管扩张，加速血流及细胞的新陈代谢，增强内耳听细胞对噪声的耐受性。

(二)振动

1. 接触行业或作业

生产中，机械设备的运转和物件加工时会产生振动。振动按其作用于人体的方式，有局部振动及全身振动。使用风动工具时，工人的手接触到的振动为局部振动，机器设备开动对地面的振动以及交通运输工具行驶过程中的振动作用于人体时是全身振动。生产劳动中有些工种受到的振动以局部振动为主，有的以全身振动为主，有的可同时接受两种振动作用。生产中振动往往与噪声同时存在。生产性振动的来源接触作业主要有：①风动工具(如铆钉机、凿岩机、风铲等)作业：铆接、凿岩、清砂、喷砂等；②电动工具(如电锯、电钻、研磨机、砂轮等)作业：割锯、钻孔、研磨等；③交通工具(如内燃机车、飞机、船舶等)；④农业机械(如拖拉机、收割机、脱粒机等)作业。

2. 振动对人体的危害

(1)局部振动及对人体的影响

人体手部接触的振动称为局部振动，长期持续使用振动工具能引起末梢循环、神经和骨关节肌肉系统的障碍，严重时会患局部振动病，还会对神经系统、心血管系统、肌肉系统、骨组织、听觉器官等产生影响，并可导致性机能下降、女性流产等。

(2)全身振动及对人体的影响

人体立位、坐位或卧位接触而传至全身的振动称为全身振动。全身振动一般为大振幅、低频率的振动。接触强烈的全身振动可能导致内脏器官的损伤或移位，周围神经和血管功能的改变，可导致组织营养不良。职业女性会发生子宫下垂、自然流产及异常分娩率增加。振动加速度还会出现前庭功能障碍，导致内耳调节平衡功能失调，出现面色苍白、恶心、呕吐、出冷汗、头疼头晕、呼吸浅表、心律和血压降低等症状。晕车、晕船即属全身振动性疾病。全身振动性疾病还会造成腰椎损伤等运动系统疾病。

振动可导致振动病。我国已将振动病列为法定职业病。振动病一般是对局部病而言，也称雷诺现象、振动性血管神经病、气锤病和振动性白指病等。振动病主要是由于局部肢体(主要是手)长期接触强烈振动而引起的。长期受低频、大振幅的振动时，由于振动加速度的作用，会使植物神经功能紊乱，引起皮肤与外周血管循环机能改变，久而久之，人体会出现一系列病理改变。振动病的主要表现为：血压不稳，心律不齐等；皮肤感觉功能低下，握力下降，肌电图异常，肌纤维颤动，肌萎缩和疼痛等；引起骨和关节的改变，骨质疏松，骨关节变性和坏死等；引起听力变化；末梢循环障碍，发作性手指变白(简称白指)。

3. 振动对女性生殖机能及子代的影响

对女性影响较大者是全身振动，尤其是非周期性的冲动性振动，可以影响月经机能，主要表现为经期延长，血量多及痛经。同时并能促进盆腔炎症的恶化及盆腔内器官的移位。在全身振动的影响下，月经不调及自然流产率增高。妊娠高血压综合征、分娩时子宫收缩无力、胎儿宫内窒息等发病率也有所增高。

(1)全身振动对女性如公共汽车女司机、售票人员、女列车员等影响较大，尤其是非周期性大振幅振动，会影响月经机能，出现经期延长、血量多及痛经，且痛经的发生随着接触振动工龄的延长而增多。

(2)孕妇接触全身振动，其自然流产率及早产率明显增高；妊娠中毒症、分娩活动无力发病率亦增高。

(3)对胚胎发育及新生儿健康的影响：研究发现，水泥捣固工胎儿窒息的发病率明显增高；女缝纫工、公交车女售票员、纺织女工的新生儿体重偏低者较多。

总之，全身振动或与噪声联合作用，会导致月经异常、痛经、自然流产、早产率增加，影响胎儿呼吸，甚至窒息，还会导致新生儿体重下降。

4. 振动病的处理和预防

(1)治疗：采用扩张血管和营养神经的药物，结合运动疗法、物理疗法等综合治疗。患者可根据情况 1～2 年复查一次，密切注意病情变化，局部振动病患者应调离振动作业岗位，进行治疗，并加强功能锻炼。

(2)预防：改革工艺设备和方法，从生产工艺上控制或消除振动源是最根本的措施；建立合理的劳动制度，坚持工间休息及定期轮换工作制度；定期对工作人员进行体检，尽早发现受震动损伤的作业人员，及早采取防治措施。作业人员应遵守劳动制度，定期休息；合理佩戴个人防护用品，如防护手套等；减少手持振动工具的重量，以减轻肌肉负荷和静力紧张；以利各器官系统功能的恢复。

(3)目前我国尚无生产性振动的卫生标准，为预防振动的不良影响，除对工艺及工具进行改革以外，还应考虑制订合理的劳动制度，改善作业条件，根据振动的性质对工人接触振动的时间给以一定限制。孕妇不应参加接受强烈振动的作业。

## 三、电离辐射与射频辐射对女性健康的影响

当一根导线或线圈有电流通过时，它的周围就产生一种能量，这种能量称电磁辐射。射频辐射指频率从 100 kHz 到 300 GHz 的

电磁辐射，包括微波辐射。电磁辐射以波的形式向外发射，称为电磁波。电磁波具有波的一般特性（波长、频率、速度），波长越短，频率越高，产生辐射的电子能量越大。

1. 接触行业和作业

接触电磁辐射的工作种类主要有：放射性矿石的勘探、开采、选矿及冶炼；制造和使用荧光涂料；从事原子反应堆、粒子加速器的工作；利用核动力的发电和交通运输工具上的工作；制作和使用放射源的工作；工农业生产及科学研究中利用人工放射性同位素的工作，例如：金属探伤、放射测井、食品消毒、选种育种、农作物储藏、保鲜、消灭农作物害虫；放射性仪器仪表自动测厚、测密度、测水分含量；在医疗方面用 X 射线、进行透视、照相诊断及治疗等。还有放射性同位素的诊断和治疗等。

高频电磁场和微波，是电磁辐射谱中量子能量最小而波长最长的频段。金属在高频电磁场内的热加工，如金属的热处理、熔炼、焊接等，介质和半导体在高频电磁场内加热，如木材、棉纱、纸张的加热干燥，橡胶的硫化，塑料的黏合等，以及雷达导航，无线电通讯、电视及无线电广播，医学上用于理疗等。

2. 对人体健康的危害

（1）高频电磁场对机体的主要作用是引起中枢神经和植物神经的功能障碍，主要表现为神经衰弱综合征，以头昏、乏力、睡眠障碍（白天嗜睡、晚上失眠多梦）、记忆力减退为常见症状，还会有情绪不稳定、易激动、工作能力低下、多汗、脱发、消瘦等表现。植物神经功能紊乱的主要表现有心动过缓、血压下降，但在长期大强度影响的后阶段，会引起脑电图的改变、心血管系统机能紊乱，常见有心动过速、血压升高、心悸、胸闷、心前区疼痛或压缩感，大多为非器质性损害，一般脱离接触 2～3 月后，症状会减轻或消失。

（2）电离辐射对人体的影响，一次大剂量电离辐射或短时间内多次作用于机体，能引起急性射线病。其主要临床表现为造血机能障碍，胃肠道症状及中枢神经系统机能障碍，脱发、出血症候群，以及由于机体免疫机能低下而并发的局部或全身感染。以神经系统及造血系统机能障碍为主要特点，出现神经衰弱综合征及植物神经机能失调的症候，以及血象变化，进而发生再生障碍性贫血，出现出血倾向，全身状况逐渐恶化，较多的器官和系统均出现改变，可出现皮炎，皮肤萎缩、甲床变形，骨炎，骨坏死及骨肉瘤，以及肺、支气管癌、白血病等。

3. 对女性生殖机能及子代的影响

电磁辐射影响内分泌功能，小剂量照射性腺时，女性会出现月经机能障碍，停止接触后会恢复；大剂量照射，对性腺会造成不可恢复的损伤，甚至失去生殖能力而导致不孕；胚胎发育的不同时期对射线更敏感，会出现死产、流产、畸形、小头症、智力发育及精神发育迟滞等现象；还有报道称会引起晶体点状或小片混浊、白内障等。

(1)电离辐射

X射线、γ射线等辐射可对卵巢造成损伤，小剂量辐射往往出现功能性改变，发生月经稀少或闭经等现象。300伦以上的照射可对卵巢造成不可避免的损伤，甚至导致女性丧失生育能力。

电离辐射可影响妊娠，主要为对胚胎发育有不良影响，可致胚胎死亡或出现各种类型的发育缺陷。往往母亲未受到任何影响的剂量即能造成胚胎或胎儿的器质性损伤，甚至死亡。照射的种类及剂量不同，所造成的影响也不相同。放射线引起的发育异常可分为两种类型，即全身性损伤，如造血系统机能障碍，发育迟缓，新生儿生活能力低下等。以及局部的损伤，即随着照射时的发育阶段不同，而出现某些器官和系统的发育异常。

由于放射线照射而发生的畸形或先天性缺陷的种类有：①周身发育迟缓；②小头症；③精神发育迟缓(即智力低下)；④小眼球症；⑤视网膜色素变性；⑥泌尿生殖系及骨骼畸形；⑦白内障等。胎儿的中枢神经系统最易受损伤，最常见的神经系统异常为小头症及脑积水。

使用放射性同位素时，放射性物质如进入母亲体内，可通过乳汁排出，故可通过母乳进入乳儿体内。

(2)射频辐射

高频电磁场和微波的生物学效应有热效应及非热效应。热效应可使组织的温度上升而引起继发的影响，如酶的活性改变，蛋白质变性，膜的渗透性改变等。作用于晶体可使晶体混浊而出现白内障。作用于心血管系统可发生心肌营养障碍及血管张力的改变，出现心动过速或心动过缓，低血压或高血压。临床症状主要表现为神经衰弱综合征，同时常伴有植物神经机能失调的症候，可影响内分泌功能，女职工常出现月经周期紊乱，月经间期缩短，经期延长，血量增多。微波及高频电磁场的生物学效应与其照射强度及照射时间有关。

4. 防护措施

(1)屏蔽辐射源。用铝铜等金属板或网包围辐射源，以吸收和反射电磁场能量。尽可能屏蔽辐射源所有部分；屏蔽表面应是闭合的，并通过接地装置将吸收的能量变为感应电流引入地下，以防二次辐射。屏蔽微波设备时，应在金属表面覆盖一层能吸收微波的材料，如生胶和羰基铁的混合物、多孔性生胶和石墨粉的混合物等。此外，在使用微波过程中的主要辐射源为发射天线时，可利用功率吸收器(等效天线)将电磁场能量转化为热能，以消除天线辐射的危害。

(2)远距离操作。操作岗位和休息地点应尽可能远离辐射源。各高频设备之间应有一定的距离，馈电线不宜过长；特别是一机多用时更应考虑辐射源与操作岗位的合理配置。对难以屏蔽的辐射源，应采用自动或半自动远距离操作。微波设备应尽可能避免在辐射流的正前方操作；安装天线时，要注意操作区是否受到辐射。

(3)个人防护。从事微波作业的人员应配备个人防护用具。防护眼镜可用细铜丝网制成，或在镜片上喷镀金属(如二氧化锡)的透明薄膜。可用含铝丝或涂银布料制成防护衣帽。

(4)医疗预防措施进行就业前和定期健康检查,重点检查眼晶体、血液系统和生殖功能。有明显神经衰弱、心血管系统和内分泌系统疾病患者,应禁止参加这类工作。怀孕和哺乳期女性以及眼病患者应禁止接触微波辐射。

## 四、其他有害物理因素

(一)缺氧

缺氧对胎儿发育有不良影响,故有造成急性缺氧可能的作业,对孕妇应列为禁忌。

(二)纳米导致职业病

纳米技术已广泛应用到航空航天、军事、医学、涂料等工业生产领域。在浙江、江苏、福建等省,均拥有涉及纳米技术的大批企业,生产塑料制品、有机玻璃、石棉瓦等。由于纳米颗粒直径微小,好比一颗子弹,更容易穿透人的皮肤细胞,进入肺上皮细胞,粘贴于细胞质,并且围绕着细胞膜产生毒性。某些纳米物质还可能在人体内开始"环球旅行",它们将母体存放于各个器官,穿透细胞。特殊的工作环境也助于纳米颗粒的入侵。在喷涂、加热和干燥的过程中,人体能够对刚生成的烟雾产生强烈反应。此时,纳米颗粒暴露了巨大毒性,它们趁机沉积在呼吸道中,形成肺纤维化。由于细胞膜受到强烈刺激,人体胸膜异物肉芽肿、炎症细胞和肺门淋巴结肿大的症状陆续出现。

例如,2007 年 1 月开始,北京朝阳医院职业病与中毒医学科陆续收治了 7 个奇怪的病人。她们全部来自河北省一家印刷厂,并在同一车间工作。检查发现,所有的患者都有或多或少的胸腔积液,后期还出现一定程度肺纤维化。源于工厂接到了一单生意,为将近 5000 平方米的有机玻璃上色,印刷厂去天津专门采购了一批涂料。7 位女职工所在的印刷厂车间,主要任务是进行 PS 版喷涂上色。为此,她们每人每天要使用数公斤的涂料,机器利用压力把液体涂料变成气溶胶，喷涂到PS版上。因此，空气中散发出浓浓的“类似油漆”的味道。不久，这些女职工的脸颊、脖子开始出现月季花瓣状的红斑。当时谁也没有在意，大约半年之后，她们开始胸闷、气喘，并越来越严重。在当地医院，她们被诊断为“肺结核”，然而，对症治疗没有任何效果。18个月后，2位女职工先后死亡。这是一起典型的纳米导致职业病死亡案例。

## 第四节　与劳动过程有关的职业危害与预防

作业时间过长，作业强度过大，劳动制度与劳动组织不合理，长时间强迫体位劳动，以及流水线作业等，都会对作业人员的健康造成损害。

### 一、不良体位对女性机能的影响及其预防

个别器官和系统的过度紧张，均可造成对劳动者健康的损害。在从事不同职业的劳动过程中，人们往往需要长时间持续采取一种体位（姿势）进行工作，即所谓强制体位。

1. 接触行业和作业

女职工较多的纺织工业，如缝纫工、制鞋工、纺织细纱工、乘车作业以及服务行业的女服务员、售货员等，腰背肌高度紧张而引起脊柱弯曲。

2. 对人体的健康危害

长时间立位作业时，由于重力引起的流体静力学作用影响静脉血回流，下半身血流瘀滞，子宫等盆部脏器充血，故痛经的患病率较高，且下肢易出现水肿，工作后下腿围增加者较普遍，较坐位作业者及男性的腿围变化明显。除静脉回流不佳外，立位时交感神经兴奋不足，导致脑部血液供给相对不足，通过容量感受器反射的引起醛固醇分泌增加，故易出现水肿。

3. 对女性的生理影响

长期立位作业，容易发生痛经。长期从事立位作业的职业女性，还容易发生扁平足及下肢静脉曲张、子宫位置异常（后倾或下垂）等病症。

长期坐位工作也影响下肢静脉血回流，易使盆部器官充血，易发生痛经及使盆腔炎症加剧。如果腰部没有充分的支撑，手和下肢又悬空不着地，如缝纫工、制鞋工、纺织细纱工、乘车作业及电车、汽车售票员等，腰背肌高度紧张而引起脊柱弯曲。长期坐位又缺乏锻炼，骨盆底组织松弛、无力，易引起便秘和痛经，分娩时也易引起宫缩无力，会阴破裂。为此，应根据工种特点，适当调配劳动时间、劳动体位、休息制度、工间休息要做工间操。强制的劳动体位对青年女性的生长发育更为有害，可能造成骨盆发育畸形和性器官位置异常，因而更应引起注意。

4. 预防措施及保健对策

(1)连续作业时间不宜过长，应增加工间休息。休息时应采取积极的活动的休息方式如做工间操等，以促进下肢的血液循环。尤其长时间坐位工作时，更为必要。

(2)工作后洗热水澡促进血液循环，改善下肢瘀血状态。

(2)睡眠时应将小腿部适当抬高。

(4)对孕妇应缩短其立位作业时间，增加工间休息，休息时最好能有条件进行短时间的侧卧或将腿部抬高，妊娠后期应暂时停止立位工作。

(5)立位作业，工作时不宜穿高跟鞋。

## 二、流水线作业的主要危害

随着经济的发展和工业化程度的不断提高，以流水线生产加工的方式越来越普遍。尤其是女职工从事流水线作业的人员非常之多。在每个生产岗位的工人只完成规定且有限的工作内容所在岗位的分工十分明确，重复同一种劳动过程，动作单一，机械重复。流水线作业能够大大提高工作效率，但对作业工人的身心健康也存在一定的危害。

1. 接触机会

流水线作业在现代企业应用十分广泛，尤其是采用传送带式生产流水线作业方式，例如在某种复杂的电子产品的组装过程，工人分坐在传送带一侧或两侧，每位工人只完成自己有限的部件组装任务即可，如装电子元件、焊接线路、安装部件、拧紧螺丝等。虽然操作内容简单，但有时间和速度要求，即要求快且准确，不能影响整体操作工序流程进度和产品质量。

2. 对人体健康的影响

流水线作业工人分工明确，容易熟练掌握操作技术，有助于提高劳动效率和产品质量。但由于工作内容单一，协作单调，使工作人员较易产生一种刻板、厌烦和淡漠的心里感觉。主要表现是对工作提不起兴趣，工作中难以集中精力，产生紧张烦躁、无奈的感觉，使人心情烦闷，倦怠疲劳，甚至打瞌睡。一般在上班开始工作一段时间后，人体感觉的敏锐性、反应能力和速度开始下降。在生产流水线的压力下，为了完成工作任务，人们往往不得不强迫自己振奋起来继续坚持工作，但实际上人的心里感觉费力有疲劳感。女职工从事此类工作由于其生理特点，也会带来相应的影响，痛经、月经不调、感染等机会增加。

心理疲劳能使人的警惕性（机敏）降低，感觉与反应的能力和速度下降，变得迟钝，动作的准确性和灵巧性降低。这样它不仅影响生产劳动的效率，工伤事故也会增加。如果心理性疲劳长期得不到恢复，也会造成累积性疲劳，导致工人的身心健康水平下降，劳动能力下降，甚至影响工人的业余生活、家庭生活和社会活动。

(1)身体疲劳部位及表现

有些生产流水线的操作需要工人长时间采取强迫体位，而不是自由体位。强迫体位或者被动体位首先易使人某些特定部位产生疲劳，进而导致全身性疲劳。流水线作业工人身体易于出现疲劳的部位与工作体位有密切关系，坐位操作主要易疲劳部位有颈部、肩部、背部、腰部、前臂、手腕和手指；站立位和蹲位操作主要易于疲劳的部位除腰背外，主要是腿、脚部位的疲劳，主要表现为肌肉酸痛、僵硬，动作不灵活，影响工作效率，甚至业余活动。

如果长期在强迫体位下工作，可能引起慢性肌肉骨骼损伤，腰肌劳损，肩肘腕关节综合征，膝关节痛，骨质增生等工作相关疾病。

(2)职业紧张与相关疾病

职业紧张对人体身心健康的影响表现，早期主要是功能性失调。如心理不良反应有：焦虑、厌烦、疲劳、脾气暴躁、孤独感、无奈感等；生理不良反应有；胸闷、心悸、食欲不振、腹胀、腹泻或便秘、失眠多梦等；行为不良反应有：吸烟、酗酒、冲动与对抗行为等。

长期处于职业紧张状态，会导致神经内分泌功能失调，引发心身疾病，也称之为工作相关疾病，例如，高血压病、冠心病、胃溃疡、肠痉挛、结肠炎、神经性头痛、甲状腺功能亢进、糖尿病等。工作相关疾病往往是由多因素所致，需要采取综合措施来预防控制。

3. 对女性生理的影响

在流水线工作中，长期立位作业，容易发生痛经。长期从事立位作业的职业女性，还容易发生扁平足及下肢静脉曲张、子宫位置异常(后倾或下垂)等病症；长期坐位工作也影响下肢静脉血回流，易使盆部器官充血，易发生痛经及使盆腔炎症加剧。强制的劳动体位对青年女性的生长发育更为有害，可能造成骨盆发育畸形和性器官位置异常。

4. 预防控制措施

(1)从事生产流水线岗位的员工，其适应性、耐受性和感受也是不同的，有人感觉紧张疲劳，有人则反应不明显，这主要与工人的体质和个性特质、对该作业的态度、职业技能训练的(熟练)程度等诸多因素有关。劳动人事组织管理部门在安排工位或配备岗位人员时应进行个人能力测评，测评内容包括心理素质、身体素质、智能和技能等。根据每个员工的个人特点和能力，按需设岗，按岗选人，既要顾全生产线又要照顾个体差异，量才录用，最大限度地发挥个人的能力。

(2)科学合理布岗，适当调整工作内容。劳动组织部门要和工艺技术部门紧密合作，按生产工艺过程分阶段合理布岗，定期进行工作分析和岗位评价，适当调整丰富工作内容，尽量减少工作内容过于单调的现象。

(3)改善工作环境。例如，降低工作环境噪声，改善照明条件和工作环境色彩，同时要考虑温度和湿度、通风条件、空气质量、生产性粉尘、有毒化学性污染物等因素应符合卫生学标准。生产流水线的工艺流程设计、岗位布局、操作台的高度、坐椅高度、仪器仪表摆放位置等应符合人体工效学要求。

(4)合理安排工间休息时间。适当调整生产流水线的工作速度，工作节奏要适合大多数人的能力和愿望；要有适当的工种间歇；要合理安排工间休息次数和时间，以利于精神紧张和身体疲劳的恢复。

(5)定期轮换工作岗位，使操作人员有新鲜感，有利于缓解心理疲劳；并可使他们学到新知识、新技术和操作技巧，增加工作热情，消除厌烦心理。

(6)加强员工健康教育，使员工懂得自我保健；加强对员工职业兴趣培养教育，提高员工的团队精神和工作热情，要使他们有成就感；开展工间操活动和情趣健身活动，使他们在工作中保持心情愉快、工作轻松。

## 三、负重和重体力劳动及防护

负重作业是指在劳动中伴有须提举搬抬重物的作业，重体力劳动是指在劳动时劳动强度和体力消耗较大的作业，这两者在以体力劳动为主的作业中往往同时存在。如纺织厂中运送棉卷及布匹的工作，铸造车间中运送砂型的工作，陶瓷工厂的成型工或拣选工的工作等。在我国目前的生产条件下，女性从事负重作业和重体力劳动的现象虽已减少，但许多生产单位，尤其是在个体私人企业中仍然存在。

1. 负重及重体力劳动对女性健康的影响

女性由于身体结构的特点，长期从事重体力劳动，特别是搬运重物的负重作业，对人体会产生不良影响。职业女性在负重劳动时，工间应安排休息时间，以消除疲劳，有助于减少因负重而引起的女性疾病。慢性肌肉劳损、慢性肩周炎和慢性腰腿痛在长期从事负重作业和重体力劳动的职业女性中也很常见。

长期从事重体力劳动，特别是搬运重物时由于腹压增高，盆腔内生殖器官受压发生移位，可引起子宫后倾、子宫下垂，严重者可发生子宫脱垂；孕妇从事较重体力劳动，易导致流产、早产、胎儿发育迟缓及胎儿或新生儿死亡率增高；长期负重可引起月经失调，出现痛经、月经过多或月经不规则；负重作业职业女性慢性肌肉关节劳损及骨关节疾病较多，如慢性腱鞘炎、肩周炎、腰痛等。具体如下：

（1）职业女性从事超过负重能力的劳动，可引起腹压增高、盆腔淤血，往往导致月经障碍。从事重体力劳动的女性，月经失调较为多见，可出现痛经、月经过多，少数且可表现为月经不规则、闭经等，附件炎的发病率也较高。

（2）从事重体力劳动特别是负重作业时，由于腹压增加，子宫、阴道等盆部器官被压向下，可呈一时性的下垂，长期持续重复此种作用的结果，可发生子宫移位及生殖器官下垂。子宫脱垂是由于子宫支持组织松弛再加以腹压增加而发生。当因分娩出现产伤时可造成病理性松弛。此时如附加以腹压增加的因素，如负重、久蹲、久咳或用力下进等则易发生子宫移位或暂时性下垂，负重时可出现子宫脱垂。

（3）孕妇从事负重作业或重体力劳动，易导致流产、早产的发生。由于劳动时的工作体位使得自子宫流入胎盘的血流减少，所以孕期从事重体力劳动可使胎儿生长发育迟缓及胎儿或新生儿死亡率增高，并且，从事职业劳动的女性的婴儿出生时体重低于一般女性。

(4)负重作业工人，慢性肌肉劳损以及骨关节疾患的发病较多，如前臂的慢性腱鞘炎、肩周炎等，腰痛也较常见。女性有骨盆内脏器，腹压增加时易发生瘀血。且子宫周围的韧带中存在有脊髓神经(感觉神经)的末梢，当这个部位受到压迫和牵引时，易出现腰痛。当腹压增加骨盆内血液循环受到影响时，可引起子宫内膜慢性瘀血，月经期可使痛经加重或引起腰痛。

2. 女工负重作业安全与健康预防

女工不能负重过量，这是由其生理特点决定的。一方面，由于职业女性的肌肉不如男子发达；另一方面，由于女性的血液循环、心肺功能等不如男子发达。这些都限制了职业女性的负重量。职业女性负重过量，会引起子宫脱垂、月经紊乱、月经量过多。怀孕期的职业女性，搬运过重物品，会造成流产及早产。

因此，《女职工劳动保护规定》，以及《女职工禁忌劳动范围的规定》都规定：第四级体力劳动强度的劳动是全体职业女性都应禁止从事的劳动；第三级体力劳动强度的劳动是经期、怀孕期和哺乳期的职业女性禁忌从事的劳动。上面所指的第三级和第四级体力劳动强度，是 1983 年由原劳动人事部制定的我国体力劳动强度的分级标准(国标 GB 3869—83)规定的。该标准将体力劳动强度划分为四个等级：第一级是劳动强度指数小于或等于 15 的劳动，就是 8 小时工作日中人体的平均能量消耗为 850 大卡，净劳动时间 293 分钟的劳动。它属于轻劳动。第二级是指劳动强度指数大于 15 小于 20 的劳动，即 8 小时工作日中人体平均能量消耗为 1328 大卡，净劳动时间 321 分钟的劳动。它属于中等强度劳动。第三级是指劳动强度指数大于 20 小于 25 的劳动，即 8 小时工作日中人体平均能量消耗为 1746 大卡以上，净劳动时间为 350 分钟的劳动。它属于重强度劳动。第四级是指劳动强度指数大于 25 的劳动，即 8 小时工作日中人体平均消耗2700大卡以上，净劳动时间为370分钟以上的劳动。它属于极重强度的劳动。所谓重体力劳动就是指第三级以上体力劳动。具体的劳动强度等级，可以请有关部门的监测机构进行测试。

女性负重作业时的安全与健康，主要应从以下几个方面采取措施：

(1)改善劳动条件。搬运工作力求自动化、机械化。不可能进行机械化作业时，应借助简单的工具或装置的帮助尽量做到省力化。

(2)对负重量应有一定限制。区别是间断作业还是连续进行负重作业。一般说来，连续作业时的负重量应相应地降低。负重方式，如对徒手搬抬和肩挑、背负应有不同的要求。搬运工作面是否有坡度，在有坡度的倾斜面上负重作业，应适当减轻负重量。搬运距离也有一定的关系。并且，除对一次负重的负重量有所限制外，还应对累积负重量规定限制。对成年女性、未成年女性、及孕妇乳母应有不同的负重量限制。

(3)合理的劳动制度。规定一个工作日内的累积负重时间，注意合理地安排劳动和休息。

(4)加强经期、孕期、产后期的安全与健康工作。限制不适于参加重体力劳动的女性，如患有子宫位置不正、慢性附属器炎症、痛经、功能性子宫出血，及骨关节疾患的女性从事负重作业。

(5)负重作业时机体的生理负担是有个体差异的。性别、年龄、身高、体重、肌肉发达的程度、机体的健康状况等对负重作业的作业能力均有影响。在选拔工人时，要进行机能测验，选择体力上适于从事负重作业的人参加工作。同时对参加负重作业的职业女性，应在参加工作前进行适当的训练，使其经过一个适应、提高作业能力的阶段后再正式工作。不要认为工作简单，谁都可以干而忽视了进行培训的重要性。这对防止外伤也有积极的作用。

## 四、人机工效学对职业女性健康的保护

劳动强度、工作条件、工作环境和管理水平等，都会影响到作业者的身心健康。因此，使作业者与工作条件和工作环境的关系更加科学、合理、和谐，这样既可达到提高效率的目的，又可达到保护自己身心健康的目的。人机工效学即是在生产活动中，实现人与机器和工作环境的最佳匹配，创造更好的工作环境和条件，以便提高生产劳动效率、产品质量，同时也可保护作业者的身体健康和工作安全。

在现代工业化生产过程中，为了提高生产效率，往往采用机械化流水线作业，使用机器或现代工具，当劳动工具不适合和不利于操作，流水线布局不合理，或者工作环境条件不适合人体生理、心理条件时，不仅会影响生产效率而且还可能损害我们的身体健康和人身安全。人机工效学主要由工作条件、工作环境、采光照明、气象条件和工作环境噪声等方面的内容组成。

1. 操作条件工效学要求

(1)工作台面(操作台)高度适宜：操作台的高度应与人体的高度相适宜。一般原则是工作台面的高度相当于人体高度的 60%(大约 2/3)。操作台水平高度相当于肘关节以下 5～10 cm，这样操作效率高，手臂不易疲劳。在实际工作中我们可以根据自己的身高来调整操作台面的高度，以便达到最佳位置。

(2)坐椅高度适宜：两脚平放在地板上，小腿(垂直)与大腿(水平)的夹角(膝关节)呈 90°为宜。靠背的高度相当于坐位肩部高度水平为宜。

(3)手臂活动半径：垂直坐位双手操作可触到的水平距离，男性一般为 62～65 cm，女性一般为 55～58 cm。

2. 工作环境工效学要求

(1)宽敞、明亮的工作环境会令人心情愉悦，生产过程行动自如，

道路通畅，人体劳动过程中身体活动不受限制，劳动体位姿势自由。

（2）色彩明快、柔和可以增加照明效果，提高视觉清晰度和视觉识别速度；使工作人员心情舒畅，不易疲劳；可减少差错率，提高工作效率。如红橙色使人烦躁不安，易于产生疲劳，蓝绿色就使人轻快舒心，不易产生疲劳感。

（3）安全色：安全色及其标志可有效提醒人们注意安全信号，预防事故发生。例如：红色表示禁止、停止，黄色表示警告（小心），绿色表示安全（无危险），蓝色表示通行（如路标）。

（4）对比色（国际通用色）：对比色有利于提高人的视觉分辨能力及识别效率。例如：红—白，蓝—白，绿—白，黑—白，黄—黑等。

（5）人体的主要感觉器官，视、听、触、味、嗅五官感觉舒适。显示器摆放与操作人的眼睛之间的距离为 70 cm，高度应在视觉水平线以下 10°最佳。

3. 采光照明工效学要求

人的信息来源有 80% 是通过视觉获得的，所以在生产劳动过程中视觉效果最为重要。生产环境的能见度非常重要。能见度是指在生产现场可见对象（生产原料、机器设备、劳动工具、生产产品等）的能见程度。这与生产现场的采光照明条件有很大关系。如果生产现场的照明条件不好，容易引起眼睛疲劳，影响工作效率和产品质量。一般情况下，在办公室工作，照度不应低于 300～500 lx；生产车间的劳动，照度不应低于 750～1000 lx。

在生产行业，尤其是劳动密集型行业，往往采用手工或半手工流水式作业。服装加工、箱包制造、制鞋业、玩具制造业、饰品及小商品制造业、印刷业、家具制造业、食品加工业等，其照明条件要求较高。如：手工印刷、纸张分类的照度为 750 lx；多彩色印刷照度为 1500 lx；制鞋照度为 500 lx；家具、皮革上色照度为 750 lx；产品的色彩检验照度为 1000 lx；服装加工照度为 750 lx；饰品刺绣照度为 1000 lx；人工缝制及工艺品制造照度为 1500 lx；首饰加工照度为 1000～1500 lx；小商品加工制造照度为 1000 lx；精密电器和电子元件加工照度为 750～1000 lx；食品加工及质量检验照度为 1000 lx；美容美发照度为 500～750 lx。

## 第五节　各类危险、有害因素对女性安全与健康的影响及预防

在生产过程中，女职工除了本身的生理特点可致的职业病以外，还由于所处环境和女性的体力与男性的差异、文化教育程度、应急中的响应能力的等方面明显不足，在面临同样危险时会受到更大的伤害。如面临火灾、爆炸导致的伤亡，或在操作时导致的物体打击、机械伤害等的危险，以及由于安全条件、人、机、环境的相互作用而导致系统失效、人员伤害或其他损失的风险更为严重。识别这些风险和了解如何控制对于女工也是非常重要的内容，下面介绍对于危险、有害因素的识别与控制。

### 一、危险、有害因素的分类

根据《生产过程危险和有害因素分类与代码》(GB/T 13861—92)的规定，将生产过程中的危险、有害因素分为 6 大类，37 小类。

1. 物理性危险、有害因素

(1)设备、设施缺陷；
(2)防护缺陷；
(3)电危害；
(4)噪声危害；
(5)振动危害；
(6)电磁辐射；
(7)运动物危害；
(8)明火；
(9)能造成灼伤的高温物质；
(10)能造成冻伤的低温物质；

(11)粉尘与气溶胶；
(12)作业环境不良；
(13)信号缺陷；
(14)标志缺陷；
(15)其他物理性危险和有害因素。

2. 化学性危险、有害因素

(1)易燃易爆性物质；
(2)自燃性物质；
(3)有毒物质；
(4)腐蚀性物质；
(5)其他化学性危险和有害因素。

3. 生物性危险、有害因素

(1)致病微生物；
(2)传染病媒介物；
(3)致害动物；
(4)致害植物；
(5)其他生物危险和有害因素。

4. 心理、生理性危险、有害因素

(1)负荷超限；
(2)健康状况异常；
(3)从事禁忌作业；
(4)心理异常；
(5)识别功能缺陷；
(6)其他心理、生理性危险和有害因素。

5. 行为性危险、有害因素

(1)指挥错误；
(2)操作错误；
(3)监护错误；

(4)其他错误;

(5)其他行为性危险和有害因素。

6. 其他危险、有害因素

(1)搬举重物;

(2)作业空间;

(3)工具不合适;

(4)标识不清。

## 二、危险因素导致的意外伤害事故

一般来说,在工作中女性也会面临生产、作业环境中发生的意外的损失或灾祸。如发生有毒有害气体泄漏,造成意外的人员伤亡,导致安全生产事故。

在这些事故中,按照导致事故发生的原因分类方法,按照将工伤事故分为20类,分别为物体打击、车辆伤害、机械伤害、起重伤害、触电、淹溺、灼烫、火灾、高处坠落、坍塌、冒顶片帮、透水、放炮、瓦斯爆炸、火药爆炸、锅炉爆炸、容器爆炸、其他爆炸、中毒和窒息和其他伤害等。

女职工较为常见的有物体打击、车辆伤害、机械伤害、触电、淹溺、灼烫、火灾危险等等。

## 三、危险、有害因素的识别

可以针对行业和专业的特点,可利用各行业和专业制定的安全标准、规程进行分析、识别。如冶金、化学、机械、石油化工、轻工、塑料、纺织、制药、箱包和制鞋、服务业等相关的安全规程、规定对可能存在的危险有害因素进行分析和识别。

对于工艺设备可从高温、低温、高压、腐蚀、振动、关键部位的备用设备、控制、操作、检修和故障、失误时的紧急异常情况等方面进行识别。

对机械设备可从运动零部件和工件、操作条件、检修作业、误运转和误操作等方面进行识别。机械伤害的风险由夹击伤害、碰撞伤害、剪切伤害、卷入与绞碾伤害、割刺伤害等。

对电气设备可从触电、断电、火灾、爆炸、误运转和误操作、静电、雷电等方面识别风险危害。特殊单体设备如锅炉房、乙炔站、氧气站等主要存在火灾、爆炸等危险因素。

作业环境存在毒物、噪声、振动、高温、低温、辐射、粉尘及其他有害因素的影响。

## 四、安全预防措施

针对危险、有害因素，应采取控制措施。常用的方法是采取技术措施和管理措施，如技术、设备与设施、组织制度、管理机制、宣传教育等方面措施，消除生产过程中危及人身安全和健康的不良环境、不安全设备和设施、不安全环境、不安全场所和不安全行为，防止伤亡事故和职业危害，保障女工在生产过程中的安全与健康。

强调安全第一、预防为主原则，落实安全生产责任制中，包括在有女工作业的场所应落实相应的女工保护的安全生产责任制。岗位女工对本岗位的安全生产负直接责任。要接受安全生产教育和培训，遵守有关安全生产规章和安全操作规程，不违章作业，遵守劳动纪律。特种作业人员必须接受专门的培训，经考试合格取得操作资格证书的，方可上岗作业。

单位应保证安全生产投入，在女工保护方面除包括通用的措施还应包括以下方面：

(1)建设安全技术措施工程，如防火工程、通风工程等；

(2)增设新安全设备、器材、装备、仪器、仪表等以及这些安全设备的日常维护；

(3)女工安全与健康有关的课题的研究；

(4)按国家标准为女职工配备劳动保护用品；

(5)女职工的安全与健康教育和培训；

(6)其他有关预防事故发生的安全技术措施费用，如用于制定及落实生产事故应急救援预案等。

1. 安全技术措施

安全技术措施计划的项目，包括改善劳动条件、防止事故、预防职业病、提高职工安全素质技术措施。主要有以下几个方面：

(1)工业卫生技术措施。以改善对职工身体健康有害的生产环境条件、防止职业中毒与职业病的技术措施。如防尘、防毒、防噪声与振动、通风、降温、防寒等装置或设施。

(2)减轻劳动强度等其他安全技术措施。

(3)辅助措施。以保证工业卫生方面所必需的房屋及一切卫生性保障措施。如尘毒作业人员的淋浴室、更衣室或存衣箱、消毒室、妇女卫生室等。

(4)安全宣传教育措施。以提高作业人员安全素质的有关宣传教育设备、仪器、教材和场所等，如劳动保护教育室、安全卫生教材、挂图、宣传画、培训室、安全卫生展览等。

2. 加强女工安全生产教育培训

(1)法律要求

在《安全生产法》中对安全生产教育培训做出明确规定：

第二十一条：生产经营单位应当对从业人员进行安全生产教育和培训，保证从业人员具备必要的安全生产知识，熟悉有关的安全生产规章制度和安全操作规程，掌握本岗位的安全操作技能。未经安全生产教育和培训合格的从业人员，不得上岗作业。

第二十二条：生产经营单位采用新工艺、新技术、新材料或者使用新设备，必须了解、掌握其安全技术特性，采取有效的安全防护措施，并对从业人员进行专门的安全教育和培训。

第二十三条：生产经营单位的特种作业人员必须按照国家有关规定经专门的安全作业培训，取得特种作业操作资格证书，方可上岗作业。特种作业人员的范围由国务院负责安全生产监督管理部门会同国务院有关部门确定。

第三十六条：生产经营单位应当教育和督促从业人员严格执行本

单位的安全生产规章制度和安全操作规程；并向从业人员如实告知作业场所和工作岗位存在的危险因素、防范措施以及事故应急措施。

第五十条：从业人员应当接受安全生产教育和培训，掌握本职工作所需的安全生产知识，提高安全生产技能，增强事故预防和应急处理能力。

(2)安全生产教育培训内容

对生产经营单位从业人员安全生产的教育培训，应进行厂(矿)、车间(工段、区、队)、班组三级安全生产教育培训。

车间(工段、区、队)级安全生产教育培训内容主要是：本车间(工段、区、队)安全生产状况和规章制度；作业场所和工作岗位存在的危险因素、防范措施及事故应急措施；事故案例等。

班组级安全生产教育培训内容主要是：岗位安全操作规程；生产设备、安全装置、劳动防护用品(用具)的正确使用方法；事故案例等。

新从业人员安全生产教育培训时间不得少于24学时。危险性较大的行业和岗位，教育培训时间不得少于48学时。

从业人员调整工作岗位或离岗一年以上重新上岗时，应进行相应的车间(工段、区、队)级安全生产教育培训。

单位实施新工艺、新技术或使用新设备、新材料时应对从业人员进行有针对性的安全生产教育培训。

单位要确立终身教育的观念和全员培训的目标，对在岗的从业人员应进行经常性的安全生产教育培训。其内容主要是：安全生产新知识、新技术；安全生产法律法规；作业场所和工作岗位存在的危险因素、防范措施及事故应急措施；事故案例等。

特种作业人员的安全生产教育。特种作业是指在劳动过程中容易发生伤亡事故，对操作者本人，尤其对他人和周围设施的安全有重大危害的作业，从事特种作业的人员称为特种作业人员。特种作业的范围包括：电工作业，金属焊接与热切割作业，高处作业，制冷与空调作业，煤矿安全作业，金属非金属矿山安全作业，冶金煤气作业，危险化学品安全作业，烟花爆竹作业，经国家安监总局批准的其他作业。

女工从事的特种作业主要有电工作业、金属焊接、切割作业、机动车辆驾驶等。

特种作业人员上岗作业前，必须进行专门的安全技术和操作技能的培训教育，增强其安全生产意识，并获得证书后方可上岗。特种作业人员的培训推行全国统一培训大纲、统一考核教材、统一证件的制度。以上的培训要求除女工禁忌的工种外，适用于所有的女职工。

3. 加强事故应急救援

女职工应了解应急的有关知识和应对措施。事故应急救援的目的是通过有效的应急救援行动，尽可能地降低事故的后果，包括人员伤亡、财产损失和环境破坏等。事故应急救援系统的应急响应程序按过程可分为接警、响应级别确定、应急启动、救援行动、应急恢复和应急结束等几个过程。事故应急救援体系响应程序见图 2-1。

安全意识和自我保护能力是减少事故伤亡不可忽视的一个重要方面。作为应急准备的一项内容，应对职业女性加强日常教育培训，尤其是位于重大危险源周边岗位的人员，如有的检验人员常由女工担任，应使这些人员了解潜在危险的性质和健康危害，掌握必要的自救知识，了解预先指定的主要及备用疏散路线和集合地点，了解各种警报的含义和应急救援工作的有关要求。

要做好应急预案的宣传和培训工作，使所有女工明了预案文本的相应内容，特别是明了预案的操作流程，这是预案演练和操作的基础。要以应急知识普及为重点，提高女工的预防、避险、自救、互救和减灾能力。应急预案的演练是应急预案管理的一个重要环节，通过演练，切实提高女工的应急素质。遇到紧急情况，能做到不慌不乱，从容应对，冷静处理，果断处置；要通过演练使员工掌握必要的逃生技能和自救技能。尤其是女性的身体、心理和文化素质普遍偏低，更要有针对性的加强应急救援的知识和技能训练，提高自身的素质和能力，以防事故的伤害。

对一些公司或职场工作的白领女性，应熟悉办公场所的主要突发事件的种类和应急措施，如火灾、交通安全、自然灾害等的自救和互救方法。

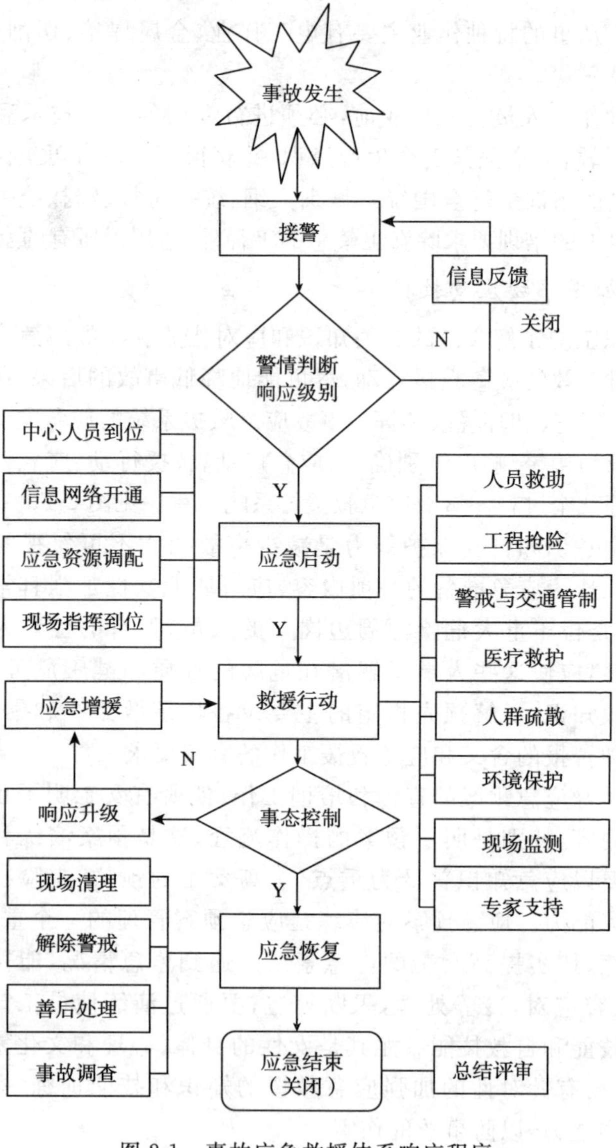


图 2-1　事故应急救援体系响应程序

# 第三章 典型行业危险、有害因素识别

某些职业一向是以女性为主要劳动力，所谓女性的传统职业，一般是指纺织、轻工行业，制衣，女护士，女售货员，美容美发行业的服务人员等。本章拟就职业女性人数较多的几种职业中，危险有害因素对女性生理机能的影响进行讨论。

## 第一节　接触有毒作业典型行业

据国家统计，近年发生的职业危害事故，主要是粉尘和化学品中毒，粉尘引起的职业病是矽肺，多发生在矿山和建筑业，以男性职工为主。化学品中毒主要发生在制造业，特别是加工企业中，是大量女工集中的地方。从 20 世纪 90 年代起，急性、恶性的职业中毒事件不断发生。据卫生部统计，1999 年中毒事件比 1998 年增加了 15.3%，中毒人数增加 47%，死亡人数增加 6.7%；2000 年比 1999 年同期，发生中毒起数地增加了 166.7%，中毒人数增加 54.5%，死亡人数增加 192.9%。而实际状况远比通报情况严重得多，这些事件的受害者主要是女工。近几年，由于国家加大了职业安全健康工作，情况有所好转，但形势依然严峻。

## 一、制鞋、箱包行业

我国是世界上最大的鞋业生产国和出口国，年产量达45亿双，几乎占到了全世界产量的一半，广东又是中国鞋业的重要基地，也是产量最大的省，年产量接近20亿双。鞋类生产中80%是胶粘鞋。制鞋企业的职业危害最重要来自粘胶。如果粘胶是以苯、正已烷等化合物为溶剂，由于这类化合物极易挥发，人长期接触会慢性中毒。

特殊群体出现中毒患者，包括未成年工及怀孕女工，以及群体性中毒，即同一条生产线集体患病。如来自晋江某鞋业公司22名职工因正已烷中毒于2002年就医于福建省职业病防治院。这22名职工均为同一工序工友(包海绵)。其生产线职工31人，中毒22人，中毒率达70%，职业女性占半数以上。患者不同程度出现四肢麻木，触觉减退，肌肉萎缩，个别严重的已瘫痪在床。

**案例1**：某独资制鞋有限公司，于1997年7月22日至8月7日发生3例含苯系物汽油中毒事件。3名患者均为女性，手工刷胶工，工龄1.5年。中毒当日，接触胶粘剂后2 h，自觉胸闷，恶心，浑身无力，视力模糊，四肢麻木，以致抽搐昏倒。现场检测苯、甲苯、二甲苯、汽油浓度分别为136.8，102.8，34.4，1046.0 mg/m$^3$。用气—质联用仪对配置的胶浆和亮光剂原料分析，汽油中含苯、甲苯、二甲苯分别为8.52%，7.65%，8.61%。亮光剂的溶剂也由甲苯、二甲苯组成。

**案例2**：河北省某县一村办企业1989年6月投产，1991年3月，30名工人在一间45 m$^2$无任何防护设施的库房，用以纯苯做溶剂的氯丁胶黏合剂制鞋。30名苯作业工人中先后有12名发生再生障碍性贫血，工龄最长者14个月，最短者4个月，作业场所苯浓度241 mg/m$^3$。

**案例3**：浙江省某市有制鞋业4000多家，从业人员10万多人，且绝大多数企业无任何防护设施。经测定，作业场所苯浓度超标率为72%，仅1993年1—4月就有14人因苯中毒住院，死亡7人，其中年龄最大的28岁,最小的仅18岁。

**案例4:**2002年3月河北省某镇发生了一起箱包作坊农民工胶粘作业引起的苯中毒事件,确诊苯中毒17人,死亡5人。卫生部专家组现场卫生学调查发现,该箱包作坊使用的9种胶粘剂检出了苯、正己烷、甲苯、二甲苯等有害物质,模拟刷胶现场检测结果表明,16个样品中,有10个样品苯浓度超过国家标准,最高浓度达2040 $mg/m^3$;4个样品甲苯浓度超标,最高达949 $mg/m^3$;16个样品正己烷浓度全部超标,最高达85800 $mg/m^3$。

**案例5:**由于制鞋及箱包加工业多为乡镇企业,作业方式以家庭作坊为主,劳动防护条件简陋,甚至没有,所以发病快是中毒的特点。如1994年3月福建某鞋业公司一刷胶工职业女性,从事作业仅3个月就发生再生障碍性贫血;1995年9月晋江某鞋厂从事粘胶的18岁职业女性,作业2个月后即被确诊为再生障碍性贫血,于同年12月死亡;1996年3月石狮某鞋厂从事手工包制作的32岁工人,9个月后出现牙龈出血,头昏、耳鸣、眼花、乏力,继而出现昏迷,因再生障碍性贫血死亡。

有毒物质除具有毒性之外,达到一定浓度也有发生火灾和爆炸的危险。另外,在机械设备操作时也存在机械伤害和物体打击等危险隐患。

**案例:**20世纪90年代初,仅在珠江三角洲的外资企业就发生了两场伤亡惨重的火灾。1991年东莞某制衣厂大火,死亡女工72人,受伤47人;1993年深圳致丽玩具厂大火,烧死87人(其中女工85人),烧伤51人。事故触目惊心,对伤亡者造成的身体和心灵上的伤害至今仍在。

## 二、油漆、涂料行业

随着我国经济的发展,对油漆涂料需求也逐年增加。在油漆作业中,油漆工发生职业中毒事件时有发生。有资料显示,通过对28

个中小企业(机械加工业8个、油漆厂6个、家具制造业4个、汽车制造业2个、纺织业2个、汽车修理2个、油漆配料业2个、居室装修业1个、铁路局刷油业1个)调查,涉及油漆、涂料工人1986名,其中女工826人,工龄1—37年,年龄18—59岁。结果发现工作现场职业性有害因素主要是苯、甲苯、二甲苯、乙酸乙酯、汽油。

我国目前使用的油漆类涂料主要为油酯漆、酚醛树脂漆、硝基漆、过氧乙烯漆、丙烯酸漆、聚胺酯漆、聚酯漆等。在涂料中常用的有机溶剂为脂肪烃混合物,如芳香烃类、酮类、醚类、醇类等。在油漆中含有苯、游离甲苯二异氰酸酯(TDI)、有害重金属(铅、镉、锰)等有毒有害物质。油漆中的有机化合物可通过呼吸道、皮肤等进入人体。

油漆作业的主要职业危害是吸入有机溶剂蒸气。各种漆都是由脂物质(各种树脂)、溶剂、颜料、干燥剂、添加剂组成。普通油漆通常用汽油做溶剂,长期接触汽油会引起汽油中毒。环氧铁红底漆含少量二甲苯,浸漆主要含甲苯,也有少量苯,喷漆(硝基漆)及其稀释剂中含多量苯或甲苯、二甲苯,在无防护条件下喷漆,作业场所空气中浓度相当高,对喷漆工人的造血器官危害极大。

油漆作为化工产品,成分复杂。有害物质主要侵犯神经系统、造血系统和肝脏器官,引起机体不同组织和器官的损害。常见病症主要是以神经衰弱和上呼吸道刺激症状为主:例如流泪、咳嗽、头晕、恶心、易疲劳、四肢无力、女性月经周期改变等。长期反复接触有毒有害物质可引起慢性中毒,其主要损害神经系统、造血系统。临床表现为头痛、失眠,白血球持续减少、血小板减少,最终造成再生不良或再生障碍性贫血。

调查表明,在8000多家涂料企业中,80%以上的企业生产工艺落后,很多厂家没有固定的生产车间,产品没有标准,缺乏检测手段,产品质量低劣,很多以“假冒伪劣”产品在市场进行低价无序竞争。油漆工从业人员主要是由文化素质偏低、流动性大、无任何医疗保障的农民工组成。用人单位不注意劳动者的职业防护,未给油漆工提供防护用品或防护设施不符合要求。劳动者的自我防护意识差，不佩戴或不按要求佩戴防护用品。

应规范油漆市场，杜绝使用假冒伪劣产品；改革工艺和进行技术改造；使用低毒或无毒溶剂代替有毒或高毒溶剂；加大企业对职业卫生的资金投入；把职业病有害因素的浓度控制在国家职业卫生标准以内；执行就业前体检和就业后定期体检制度；教育工人增强自我保护意识；在作业过程中尽可能打开门窗，加强通风排毒；油漆作业时应戴口罩和防毒面罩、戴手套、穿好工作服，工作完成后及时洗净身体接触油漆部位；发现就业禁忌者不宜从事油漆工作。做好以上各项工作，油漆工发生中毒事件的几率将会大大降低。

工作中使用的苯、甲苯、二甲苯、乙酸乙酯、汽油物质，同时还具有火灾和爆炸的危险性，对于作业时注意按照操作规程，对于电器使用安全和加强通风、防止火源存在是很重要的，并且了解火灾发生时的救援和应急响应。

## 三、印染行业

印染工艺是指在生产过程中对各类纺织材料（纤维、纱线、织物）进行物理和化学处理的总称，包括对纺织材料的前处理、染色、印花和后整理过程。印染行业主要职业危险、有害因素包括高温、高湿、粉尘、有毒有害物质、噪声等。印染等过程相对湿度可达80%以上，夏季室温可达40℃。用次氯酸钠漂白及最后酸洗都有氯气产生，会引起中毒。染色中使用强酸、强碱会引起酸碱灼伤和酸雾刺激。在不溶性偶氮染料重氮化过程中，有氮氧化合物溢出，大量吸入这些物质会引起呼吸系统损害。在调配和使用苯胺染料时，会接触苯胺液体或蒸气，苯胺类染料和荧光增白剂可能有致癌作用。

印染过程火灾危险性较大，加之设备、管理等方面的原因，致使印染行业近年来火灾频发、损失惨重。下面重点进行火灾危险性分析。

1. 物料的火灾危险性分析

棉纺织印染生产过程中危险物料主要包括坯布、保险粉、导热油、双氧水、丙酮、液化石油气等。

(1)坯布。棉制品坯布纤维细小,与空气接触面很大,一旦遇到微小的火星就能迅速燃烧。棉制品在一定的外界条件下也可发生自燃。

(2)保险粉。印染中的漂白剂,其主要成分是连二亚硫酸钠。连二亚硫酸钠是白色砂状结晶或淡黄色粉末,引燃温度为250℃,加热或接触明火能燃烧。暴露在空气中会被氧化而变质,遇水、酸类或与有机物、氧化剂接触,都可放出大量热而引起剧烈燃烧。

(3)导热油。导热油具有自燃的特性,自燃温度在250℃以上。

(4)双氧水。退、煮、漂工序中的漂白剂。本品不燃,但能与可燃物反应放出大量热量和氧气而引起着火爆炸。与许多有机物如糖、淀粉、醇类、石油产品等形成爆炸性混合物,在撞击、受热或电火花作用下能发生爆炸。

(5)丙酮。其蒸气与空气形成爆炸性混合物,遇明火、高热极易燃烧爆炸。能在较低处扩散到相当远的地方,遇火源引着回燃。若遇高热,容器内压增大,有开裂和爆炸的危险。

(6)液化石油气。液化石油气与空气混合能形成爆炸性混合物,遇明火、高热极易燃烧爆炸。与氟、氯等能发生剧烈的化学反应。其蒸气比空气重,能在较低处扩散到相当远的地方,遇明火会引着回燃。若遇高热,容器内压增大,有开裂和爆炸的危险。

(7)其他。有些染料、辅助溶剂虽然浓度较低,无火灾危险性,但如果操作者操作不慎,将互为禁忌的危险品混存混放,也会引起火灾事故。如硫化染料与强氧化剂、强酸、强碱接触引起燃烧。硫化蓝、红光硫化元等染料含游离硫大于2%时,自燃的危险性也随之增加。快色素遇明火也容易燃烧爆炸,重氮盐遇强酸作用也能产生爆炸;还有许多易燃的染料如直接黑K、直接青莲C、重氮绿、酸性铬媒红及某些含硝基的染料遇明火也有燃烧爆炸的危险。

2. 生产过程中的火灾危险性分析

(1)坯布检验、打印工段是坯布较为集中的部位,若遇火源,极易引发火灾事故。

(2)烧毛时,布速太慢或温度过高会引起着火燃烧。烧毛时若操作不慎,焙烘温度过高、时间过长,会导致织物起火。

(3)液化石油气气瓶等压力容器一旦发生爆裂,气瓶内的液化石油气外泄,有可能导致火灾爆炸事故的发生。压力容器发生爆裂通常是由压力容器超压运行或压力容器存在缺陷,使压力容器的内壁不能承受内压应力,从而发生爆破。

(4)定型机导热油锅炉房是印染企业火灾较多的部位。导热油渗透性较强,由于法兰连接、焊接质量、密封等存在问题,油管破裂,高温导热油外喷或泄漏,遇到明火可引起火灾。

(5)导热油中残炭含量超标,会导致生成少量高聚物,运行中这些物质可能沉积在锅筒底部而过热鼓包,或沉积在管壁上而过热爆管。

(6)生产中突然停电,循环油泵停止工作,炉膛内燃煤继续燃烧,锅炉油温持续升高。若油温上升太快,就会在短时间内造成导热油局部温度超高而结焦,致使过热爆管,引起火灾。

(7)生产过程中由于电气线路短路、设备漏电或静电产生火花而引起火灾。电气安装不符合要求,使用不当或线路老化损坏,可引发火灾。

(8)建筑物布局不合理,生产、生活用火的火星或烟囱飞火等溅落在坯布库、成品库、危险品库内,引燃可燃物,可造成火灾。

(9)危险品库内电气设备防爆不符合要求,通风设施不完善,可能形成爆炸性气体混合物,达到爆炸极限,遇火源可能发生火灾爆炸。

(10)棉纺织印染生产中的变配电装置、变压器、照明灯具、电缆、电线、用于生产工艺参数检测显示的电气控制装置、电气仪表、计算机及其他带电设备等均存在火灾危险性。

(11)印染设备的转轴与布坯摩擦、设备运转都会产生静电，静电火花有可能成为点火源。

(12)生产区内较高建筑物在雷雨天存在着被直接雷击或感应雷击的危险。此外，雷电波侵入可造成配电装置和电气线路绝缘层击穿而产生短路，引起燃烧和爆炸。

(13)运输、装卸原料的车辆、机械设备进入库区时，不采取防火安全措施，排气管喷火或机械摩擦撞击产生火花，引着可燃物起火。

3. 安全技术措施

(1)各类染料、辅助溶剂应设专用仓库，分类存放，对相互抵触的物品不得混放并保持库区良好的通风。生产车间不得将危险原料存放现场，应按当天生产使用需要量领取，将其在专用室内配成水溶液后再进入现场使用，勺、盘等容器不得混用。

(2)容易发生事故危及生命安全的场所和设备，均应有安全标志，并按《安全标志》进行设置。坯布库、成品库和危险品库应设置明显的“严禁烟火”标志。主厂房内应设置“禁止吸烟”标志。

(3)液化石油气气瓶及装置内其他压力容器的安全设施应齐全完好，并且应做到定期校验。液化石油气瓶组间与烧毛机等散发明火的地点间的距离不应小于 35 m。

(4)防止导热油锅炉火灾发生，重点在于防止油管破裂。在使用过程中要注意维修保养，防止管道泄漏，使其保持良好的运行状态。导热油路供热系统的安装应由制造厂家或定点安装单位完成，质量合格且符合规程规定。

(5)企业应选用合格的导热油，使用单位应定期对导热油进行取样分析，及时掌握导热油的品质变化，定期补充新的导热油，使残炭量保持稳定。加入锅炉中的导热油必须预先脱水。导热油等有机热载体在使用过程中，应保证每项指标值都控制在合格范围内。

(6)突然停电时，必须采取有效的安全防护措施，避免导热油超温、受热面金属发生过热。配置备用的电源，一旦停电立即启动。来电后，高位槽应及时补充导热油。

(7)电气线路应在危险性较小的地方敷设。电气线路的设计与施工应考虑周围环境温度、化学腐蚀、用电设备进线盒方式等因素，采取防腐蚀、阻燃等措施。电缆沟通入变配电室、控制室的墙洞处，应填实、密封。火灾危险环境的电气线路应避开可燃物。在火灾危险环境，移动式和携带式电气设备应采用移动式电缆。

(8)定型机、烘箱、排烟风管等是重点防火部位，应保持清洁。印染企业对排烟风管应定期清扫、除油尘，或者在排烟风管内安装蒸汽灭火系统，一旦发生火灾能自动灭火。对全棉类织物进行定型作业，每班至少要清理散热器过滤网两次。要保持轧机轧辊的清洁，织物中不得夹带硬物，以免轧辊受到损伤。在烘箱温度不低于100℃的情况下，不得关闭排风机。

(9)应当根据建筑物和构筑物、电力设备以及其他保护对象的类别和特征，分别对直击雷、雷电感应、雷电侵入波等采取适当的防雷措施。

(10)进入危险区域的机动车辆采取防火措施(如配备防火帽)后，方可进入。

(11)消防水量、给水管道、室内消火栓的设置，应分别符合《建筑设计防火规范》的相关规定。

(12)作业现场灭火器的配置应按现行的《建筑灭火器配置设计规范》中对“灭火器的配置”有关条款的规定执行。设置的消防器材应在明显和便于取用的地点，且不得影响安全疏散。

(13)应制定火灾事故应急救援预案，预案应涵盖救援组织、救援人员、救援设备以及救援物质等几个方面的内容，并定期组织演练。

(14)分工明确。企业管理人员、技术人员对重点部位和设备的检修、维护、测试要到位。应对导热油锅炉操作工进行岗前培训，使其能够正确操作。

## 四、塑料加工行业

化工企业包括合成橡胶厂、石油化工厂、有机厂等，其所接触的有害化学物质主要有丙烯腈、聚丙烯酰胺、苯乙烯、丁二烯、无机氰化物等。调查发现，石化作业职业女性自然流产率较对照组高1102倍。石化作业女工过期产发生率增高。石化作业女工的自然流产率、死胎死产率均显著地高于对照组，且围产期死亡率也显示出有增高的趋势，表明石化作业对女工的生殖机能具有一定的影响。

聚氯乙烯塑料加工成型原料为聚氯乙烯粒子，要加各种添加剂，如增塑剂、稳定剂等。增塑剂中毒性较大的是磷酸三邻甲苯酯及二甲酸酯类。硬脂酸盐类（如硬脂酸盐钡、锌、钙、镉）和无机铅盐（如三盐基硫酸铅、二盐基硫酸铅）是常用的稳定剂，在配料、捏合过程中有上述有毒粉尘飞扬。吹塑和注塑成型时，加热到一定温度有热解的烟气产生，对上呼吸道有刺激作用，也有致敏作用，有些人接触后会引起支气管哮喘。

石化行业中接触的大量物质都处于有毒有害和易燃易爆品，如丙烯腈、聚丙烯酰胺、苯乙烯、丁二烯等都属于此。作业时防止火灾和爆炸，以及电器安全等也是需要注意的重要问题。另外在操作中可能发生触电、机械伤害等因素也应引起足够的重视。

**案例1**：2008年22日12时55分，哈尔滨市道外区民主乡民富村一家塑料加工厂爆炸起火，造成3人死亡、2人受伤。据了解，发生爆炸的两间平房约200平方米，当时有几个工人在干活，爆炸时3人及时从屋内跑出，2人被送往医院救治。消防官兵在扑救时得知里面还有人员被困，立即展开搜救，最终在起火的厂房内找到3具尸体，主要是中毒而致死亡。

**案例2**：2010年5月16日中午，浙江嘉兴一塑料厂厂房发生火灾，过火面积超过8000平方米，浙江消防部门调动50多辆消防车赴现场进行救援。大多数塑料燃烧时产生的是酚性气体，聚氯乙烯绝缘燃烧时释放出大量氯化氢气体，烟气中含有大量的一氧化碳、塑料热介气和硫化物等混合性有毒气体。此次救援中消防员也被熏得满脸如黑炭。

## 第二节　女工劳动密集型行业

纺织、服装加工等劳动密集型行业，女工都非常集中，而且职业危险、有害因素也非常突出。

### 一、纺织行业

纺织行业中职业女性占主要比例（一般约占工人总数的70%～80%）。纺织女工常见的职业病有职业性耳聋，职业性近视以及缫丝女工的职业性皮炎。织布女工的子女围产期死亡率显著高于一般家庭女性，织布女工月经异常、妊娠高血压综合征的发病率均显著高于对照人群。

纺织加工生产过程中存在的主要危险、有害因素包括以下几方面：

（1）粉尘

开棉、混棉、清棉及梳棉均可产生粉尘，除植物性粉尘外，还可夹杂有矿物性粉尘（砂土）。在粉尘的长期影响下，工人易患慢性鼻炎、咽炎，接触棉、麻粉尘的疾病有职业性发热、咳嗽、急性呼吸道病和棉尘症。

（2）高温、高湿

纺织工艺要求一定的温度和湿度，使棉纱紧固并维持一定的弹性及润滑性，减少断头的机会，因此大多在24℃，相对湿度45%～80%之间，夏季如不采取防暑降温措施，容易造成高温高湿环境。

（3）噪声和振动

织布车间的生产噪声最大，可达100 dB左右，其次是细纱车间，也有95 dB左右，由于噪声的强度大，暴露时间长，这些车间耳聋者较多。

（4）化学因素：化学纤维的粘胶人造丝生产中的二硫化碳，锦纶生产中接触己内酰胺及二尼尔（联苯—联苯醚），涤纶生产中接触对苯二甲酸二甲酯、乙二醇、邻苯二甲酸酐等，腈纶生产中接触丙烯腈等等。使用苯胺染布和印花及干燥和蒸化过程中均可接触苯胺蒸气和液体，防护不好容易中毒，苯胺类染料有致癌作用。

(5)生物性危害：丝绸生产中可接触真菌、白僵菌，毛纺织生产中可接触布氏杆菌等。

(6)不良的工作体位：纺织女工大多数需要站立的工作体位并来回走动，扁平足、下肢静脉曲张、腰背痛可能与站立工作有关，由于两手肌肉不断处于紧张状态，易引起腱鞘炎。如梳棉、粗纱、细纱、毛纺、纺丝、织布等生产中均要不断地巡回行走或站立作业，穿扣、修补等工种则为长期坐位。另外，还会造成关节炎、血压低或高、心动过速、慢性胃炎等，也应予以重视。

(7)视力紧张：纺织需要视力紧张的工种很多，照明不合理会使女工视力减退，造成职业性近视。

(8)安全方面的危险因素

在开棉、混棉、清棉及梳棉的各工序操作中，除了上述的各种有毒有害因素外，还有设备运行中带来的安全方面的风险，如物体打击、绞手、机械伤害和火灾、棉尘爆炸等危险。操作时应严格按照安全操作规程进行，并了解应急避险和自救互救的方法。一旦出现火情，应及时应对，下面简要介绍灭火器的使用方法。

几种常见灭火器的使用方法基本相同，这里只作简要介绍，具体操作应遵照灭火器上粘贴的说明书进行。

①二氧化碳灭火器的使用

灭火时将灭火器提到或扛到火场，在距燃烧物 5 m 左右，放下灭火器拔出保险销，手握住喇叭筒根部的手柄，另一只手紧握启闭阀的压把。对没有喷射软管的二氧化碳灭火器，应把喇叭筒往上扳 70°～90°。使用时，不能直接用手抓住喇叭筒外壁或金属连线管，防止手被冻伤。灭火时，当可燃液体呈流淌状燃烧时，使用者将二氧化碳灭火剂的喷流由近而远向火焰喷射。如果可燃液体在容器内燃烧时，使用者应将喇叭筒提起。从容器的一侧上部向燃烧的容器中喷射。但不能将二氧化碳射流直接冲击可燃液面，以防止可燃液体冲出容器而扩大火势，造成灭火困难。

使用二氧化碳灭火器，在室外使用时，应选择在上风方向喷射。在室内窄小空间使用时，灭火后操作者应迅速离开，以防窒息。

②手提式干粉灭火器的使用

灭火时，可手提或肩扛灭火器快速奔赴火场，在距燃烧处 5 m 左右，放下灭火器。如在室外，应选择站在上风方向喷射。

使用的干粉灭火器若是储气瓶式，操作者应一手紧握喷枪、另一手提起储气瓶上的开启提环。如果储气瓶的开启是手轮式的，则向逆时针方向旋开，并旋到最高位置，随即提起灭火器。当干粉喷出后，迅速对准火焰的根部扫射灭火。使用的干粉灭火器若是储压式，操作者应先将开启把上的保险销拔下，然后握住喷射软管前端喷嘴部，另一只手将开启压把压下，打开灭火器进行灭火。灭火器在使用时，一手应始终压下压把，不能放开，否则会中断喷射。

干粉灭火器扑救可燃、易燃液体火灾时，应对准火焰根部扫射，如果被扑救的液体火灾呈流淌燃烧时，应对准火焰根部由近而远，并左右扫射，直至把火焰全部扑灭。如果可燃液体在容器内燃烧，使用者应对准火焰根部左右晃动扫射，使喷射出的干粉流覆盖整个容器开口表面；当火焰被赶出容器时，使用者仍应继续喷射，直至将火焰全部扑灭。在扑救容器内可燃液体火灾时，应注意不能将喷嘴直接对准液面喷射，防止喷流的冲击力使可燃液体溅出而扩大火势，造成灭火困难。如果当可燃液体在金属容器中燃烧时间过长，容器的壁温已高于扑救可燃液体的自燃点，此时极易造成灭火后再复燃的现象，若与泡沫类灭火器联用，则灭火效果更佳。

使用磷酸铵盐干粉灭火器扑救固体可燃物火灾时，应对准燃烧最猛烈处喷射，并上下、左右扫射。如条件许可，使用者可提着灭火器沿着燃烧物的四周边走边喷，使干粉灭火剂均匀地喷在燃烧物的表面，直至将火焰全部扑灭。

③推车式干粉灭火器的使用

推车式干粉灭火器的使用方法与手提式干粉灭火器的使用方法相同。初起火灾范围小、火势弱，是用灭火器灭火的最佳时机。因此，正确合理地配置灭火器显得非常重要。

④泡沫灭火器的使用

适宜扑灭油类及一般物质的初起火灾。使用时，用手握住灭火器的提环，平稳、快捷地提往火场，不要横扛、横拿。灭火时，一手握住提环，另一手握住筒身的底边，将灭火器颠倒过来，喷嘴对准火源，用力摇晃几下，即可灭火。

注意事项：不要将灭火器的盖与底对着人体，防止盖、底弹出伤人；不要与水同时喷射在一起，以免影响灭火效果；扑灭电器火灾时，尽量先切断电源，防止人员触电。

## 二、服装加工业

服装加工主要有裁剪、缝纫和熨烫三个工序，成批生产多采用流水作业。缝纫机转动产生噪音，机器越密噪音越强。缝纫工长期保持座位前倾姿势操作，会发生腰腿痛。熨烫工长时间手拿熨斗，会发生右肢酸痛，工龄长的工人甚至发生腕部腱鞘炎、肩周炎、颈椎病等。如照明不足，会影响视力。

传统面料（棉、化纤等）本身对人体无害，但使用一些荧光增白剂、固定剂等，可能会由于产生化学刺激或导致变态反应，使人体皮肤发炎、湿疹、发痒、严重时还可形成小疱和脓疱。如果使用二甲基甲酰胺进行布料的表面处理，如果处理不当或不完全，则可导致二甲基甲酰胺中毒，出现急性中毒性肝病。

革类面料（天然革和人造革）一般对人体无害，但加工过程中应避免使用含有毒物质的胶粘剂。因此，服装加工过程要注意合理地组织劳动，适当增加工间休息次数；遇有不明原因的气味、产生刺激症状时要格外注意，避免发生伤害事故。

长时间坐着的工作体位可影响盆腔内器官血液循环，同时，在一个工作日内，手指、腕及前臂可能要完成上万次的动作，长期从事这种职业，手指及腕部腱鞘炎的发病会增加。另外，由于需要因长时间保持同一个坐姿，肌肉没有机会伸缩，容易造成腰背酸痛等。

熨烫过程中持续处于高温环境，会对人体健康带来危害。

在裁剪、缝纫和熨烫过程中还有机械伤害、灼烫、火灾等危险存在，应予以识别并采取相应的控制措施，预防火灾尤为重要。近年来，服装加工厂火灾事故不断发生。

**案例1：**2008年12月20日上午，广州海珠区一家100平方米服装加工厂起火，事故造成一死多人烧伤。由于起火点位于城中村中心地带，也是该城中村的主干道，引起了附近街坊的围观，给城中村的交通带来了一些阻滞。

**案例2：**2003年12月14日凌晨2时24分，揭阳普宁市流沙镇湖东村一家庭作坊式服装加工厂发生重大火灾，过火面积达417平方米，造成4名女工死亡，5人受伤(其中3人重伤)。普宁市公安消防大队接警后于2时35分到达现场扑救，大火于3时05分被扑灭，消防队员从火场中救出13名员工。火灾是由于服装加工厂南侧墙顶电源线路短路引燃周围可燃物蔓延成灾。

## 第三节　服务业

近年来，由于第三产业的发展，大量女性涌入服务业，在这些新的领域，职业女性在工作中常常受到多种有害因素的影响，而引发种种综合征，也应引起足够重视。

### 一、服务行业

1. 女售货员、女服务员

我国商业及饮食服务业中职业女性约占职工总数的43.6%，高于平均水平(36.4%)。女售货员劳动条件的特点，最主要的是长时间的立位作业，此外，夏季售货场内的高温，冬季售货场内由于人多空气流通欠佳，空气中二氧化碳含量可增高。又节假日顾客多，销售量大时售货员需动手、动口、动脑连续工作，容易疲劳。

现在不少超市处于地下室中，这里人稠密地窄，空气流通状况欠佳，如果没有良好的通风设备，可导致空气中的二氧化碳的含量增高，氧的含量降低。据某市疾控部门对超市空气质量测定显示，地下超市营业高峰时，空气的清洁明显下降，有害物质明显增高，如二氧化碳的浓度高达0.2%～0.3%。这样的浓度虽然不至于使人体发生急性中毒，但当二氧化碳大于0.1%时，长时间在这种环境下，可以发生头昏、头痛、脑涨、面部潮红，容易感到疲劳。地下超市一般湿度较高，可达80%左右，而适合人体要求的湿度为70%，湿度高，冬天会使人感到湿冷，夏天又感到闷热，在高湿环境中病菌容易生长繁殖，造成疾病的传播。地下超市的服务员，长期生活在人造光——灯光之下，灯光中缺乏自然光所含的多种光线，光线的强度也与自然光线不同，所以对人的视力和身体健康有一定的影响。

服务人员以立位作业为主，必须整天站式服务，这种职业强迫体位，常使服务员易发生静态性肌肉劳损，出现腰酸、背痛、全身倦怠，又因重力关系，血液回流不畅，易发生下肢静脉曲张。另外，立位作业的女服务员，因盆腔瘀血而至月经过多等的发生率比非立位作业者较高。

服务行业的员工每天要接待为数众多的顾客，要使每位顾客都感到称心如意，就要付出相当程度的心理“劳动”，要充分调动自己的情感。通过面部表情、语言、姿势等来与顾客进行沟通，在这种长时间的心理“劳动”中，有时服务员出现上班和下班后的情感落差，上班时情绪饱满，表情丰富，下班后急躁易怒，或呆板淡漠，对什么事都不感兴趣。这种情绪可进一步影响员工的家庭生活和社会活动，造成人际间的关系紧张或误解。反过来这种负性心理又会加重员工的精神负担，影响自身的身心健康。月经期的女性，或原来患有神经衰弱的人，情感疲劳综合征表现更为明显。

餐饮场所的特点是人员集聚，顾客多，流动性大，火灾风险最大。防止电器火灾和其他物品的安全也非常重要。尤其是应急响应时的人员快速疏散的方法和应急知识十分重要。

2. 美容美发、歌舞厅、宾馆服务行业

(1)美容美发

美容美发主要是对人们的脸部皮肤和头发、指甲等部位进行清洗和美化，由于这种服务必须直接接触这些部位，因此，一切服务用具和用品甚至工作人员的双手都必须符合卫生要求。否则一旦污染很容易引起感染。最常见的接触感染是由于用具使用后没有清洗，或是工作人员双手皮肤已有感染，或是化妆品在生产和使用过程中已受到微生物的污染，这样就会在顾客与顾客之间以及工作人员与顾客之间发生传播，引起眼结膜炎、化脓性毛囊炎、化脓性皮炎、手癣、头癣、鼻尖部螨虫感染等多种皮肤疾患，有的顽疾很难治愈。化妆品中除了受到生物性污染以外，其本身还含有多种化学成分，有的会使皮肤或全身过敏或中毒。有的重金属例如汞、砷、铅等能通过皮肤进入人体内，在体内蓄积，引起远期危害。

有些烫发剂、染发剂、化妆品还会释放出多种有害的挥发性有机化合物，例如氨甲醛等，不但对眼睛和呼吸道产生强烈的刺激作用，而且吸入体内后，还会影响肺部和全身。所以，理发、美容时直接接触皮肤、毛发、指甲的用具，在用完后要清洗和消毒，工作人员要勤洗手，或戴手套工作，以免相互感染，一切能接触到上述部位的所有化妆品，都必须符合相应的卫生标准。不允许使用劣质产品，以免对顾客健康造成损害。室内应加强通风换气，既要保持室内小气候的舒适又要保证室内空气质量的清洁。国家对美容店制定了卫生标准《理发店美容店卫生标准》。

染发对人体有害，主要原因在于染发所使用的染料。染发剂大多含有致癌物，长期使用可能致癌。染发时染料长时间地涂在头上，染料不可避免地会通过头皮进入皮肤，并渗透到人的血液中，随着染料数量的日积月累，其危害人体的效应也会逐步增加，久而久之就可能诱发癌症或其他疾病。

(2)美甲

指甲油是用有机化学药品经过加工制成的。其中含有大量的对人体有害的有机或无机物质,如苯、甲苯、铝,甚至汞等等。有毒物质可以穿过指甲,到达手指末端的血管中,通过血液循环进入人体,而对人体造成伤害。会造成头晕、头痛、恶心等不适。最好的办法当然就是尽量不用,如果已经用了,也不必慌张,用酒精洗掉,下次就不要用了。指甲油基本上是以硝化纤维为本料,配上丙酮、醋酸乙酯、乳酸乙酯、苯二甲酸酊类等化学溶剂制成。这种指甲油涂在指甲上,能使指甲红艳润泽,并长期不褪色,受到人们喜爱。但这些原料大都有一定的生物毒性,应避免进入人体,造成慢性中毒。涂用指甲油后,不要用手拿食品,以免把指甲油粘到食品上,杜绝“毒从口入”关。特别需要注意的是含油多的油条、蛋糕等油脂性食品更不能用手拿着吃,因为指甲油所含的化合物,属脂溶性化合物,容易溶解在油脂中,因此要格外当心。同时,指甲油含有的一种名叫酞酸酯的物质,这种物质若长期被人体吸收,不仅对人的健康十分有害,而且最容易引起孕妇流产及生出畸形儿。所以,孕期或哺乳期的女性都应避免使用标有“酞酸酯”字样的化妆品,防酞酸酯引起流产或婴儿畸形。另外,这种有害物质还会危害婴儿腰部以下的器官,引起生殖器畸形。因此,母亲哺乳期间使用含这种物质的化妆品,孩子长大后,可能患不孕症或阳痿。这就是酞酸酯这种物质阻碍雄性激素发挥作用造成的恶果。

普通指甲油的成分一般由两类组成,一类是固态成分,主要是色素、闪光物质等;一类是液体的溶剂成分,主要使用的有丙酮、乙酸乙酯(俗称香蕉水)、邻苯二甲酸酯、甲醛、苯等。色素的种类比较多,现在使用最广泛的是人造色素,但是有许多人造色素是带有毒性的,还有一些带有重金属元素,因此可能对人体危害。大家熟知的苏丹红就是一种致癌物质。

普通指甲油的溶剂成分基本都是有毒或者有害的物质,其中最厉害的，应该是邻苯二甲酸酯、苯、甲醛，其次是丙酮、乙酸乙酯等。指甲油危害成分中，中邻苯二甲酸酯会妨碍正常的荷尔蒙平衡，会导致严重的生殖损害和其他健康问题；而苯和甲醛均是致癌物质。还有报道认为指甲油中的一些成分可能对胎儿的健康产生影响，因而要引起高度注意。

在普通指甲油中，为了达到使指甲油快速干透的目的，加入了大量丙酮、乙酸乙酯成分，这两种成分的特点是极易挥发，所以指甲油能很快干掉。但是丙酮、乙酸乙酯属于危险化学品，它们易燃易爆，在挥发时产生令人眩晕的刺激性气味，对室内空气产生污染，在长期吸入的情况下，对神经系统可能产生危害，它们还对黏膜有强刺激性。这些有机溶剂还有一个坏处，就是在多次反复使用于指甲后，会使指甲变色，变脆和变弱，导致“美甲”不成反“毁甲”。

(3)娱乐场所服务人员

歌舞厅是社交娱乐的场所之一。人通过唱歌、跳舞能使血流加快，肺活量增大，促进新陈代谢，从而增大了呼吸量。所以，唱歌、跳舞既是一种娱乐的活动，也是一种促进呼吸量加大的活动。跳舞时，舞池都很拥挤，人与人接触很近，因此首先要求歌舞厅的空气质量符合卫生标准要求。歌舞厅空气中有害化学的因素主要来自吸烟，人的呼出气，装修装饰材料以及各种家具摆设，各种清洁剂，空气消毒剂，地板蜡等。空气中病原体主要来自呼出气以及剧烈跳舞时扬起的灰尘。所以歌舞厅也应加强足够的新风量的引进。国家对歌舞厅等娱乐场所制定了卫生标准《文化娱乐场所卫生标准》。

歌舞厅的音响和照明往往过强，也会给人带来不良影响。闪烁速变的灯光，往往使人头晕目眩，视力疲劳，若长期影响，视力就会下降而难以恢复。歌舞厅的音响普遍高于 90 分贝，尤其是跳迪斯科的音响更高。跳舞者或旁观者往往由于音响而引起头晕，心跳加快，全身震动感，心慌，甚至血压升高，长期接触这种有害因素，就会引起全身乏力，失眠，耳鸣，记忆力减退，听力下降，免疫力下降等。可见，公共场所的有害因素除了生物性和化学性以外，物理因素引起的健康危害也不可忽视。

歌厅火灾在国内已经发生过多起，例如：2010 年 1 月 25 日 22 时左右，吉林省汪清县红太阳练歌厅发生火灾。消防员赶到现场后，从火场抢救出 18 人，其中 4 人死亡。4 名死者全是女性，1 人是练歌厅业主，另外 3 人是练歌厅服务员。2008 年 9 月 20 日 23 时许，深圳市龙岗区龙岗街道龙东社区舞王俱乐部发生一起特大火灾，事故共造成 43 人死亡，88 人受伤。

(4)宾馆服务人员

旅店是宾馆、饭店、旅馆、招待所的总称，是人们外出活动的临时住所，是人们逗留时间最长的公共场所之一，因此，它的卫生问题非常重要。旅店不仅要为住店的客人提供舒适的、方便的住宿条件，更要保障一切住宿和生活条件都必须是清洁卫生的，不能影响客人的健康。住店客人来自天南地北、世界各地，他们的健康状况有很大差别。有的人可能是健康者，有的人可能是带菌者，有的人则正患有传染性的疾病。后两种人都是传染源，都可将体内的病原体通过各种传播媒体，传染给其他客人。常见的病原体有：流感病毒、肺炎球菌、结核杆菌、溶血性链球菌、金黄色葡萄球菌、痢疾杆菌、致病性大肠杆菌、肝炎病毒、脚癣真菌等，此外还要提醒的是性病的病原体。其中通过空气传播的病原体（流感病毒、肺炎球菌、结核杆菌、溶血性链球菌、金黄色葡萄球菌等）都是由于客人通过说话、咳嗽、打喷嚏、唱歌、随地吐痰等活动，传播到空气中再被他人吸入而引起疾病的。其他的病原体都是由于带菌者或病人在日常生活活动过程中，通过使用餐具、卧具、茶具、漱口杯、脸盆、毛巾，拖鞋，便池坐圈等公用物品，将病原体传染给他人，因此，这些公用品使用后都必须进行彻底的清洗和消毒，避免引起交叉感染。

旅店里的空气除了受到上述多种病原体的污染以外，还会受到多种化学物质的污染。吸烟造成的污染是很普遍的。近年来室内装修带来的污染的亦日趋严重。很多种装修、装饰物品以及所用的涂料和胶粘剂，都含有有害物质，例如甲醛、苯、甲苯、二异氰酸甲苯酯、三氯甲烷等，都是挥发性很强的有机化合物，毒性很大。尤其是新建成或新装修的旅店，装修面积更大，用料更多，因此，污染就更严重。这些挥发性有机物与空气中的病原体一样，必须加强室内通风换气，才能加速这些污染物的排放。特别应该注意的是使用中央空调系统的旅店，由于必须紧闭门窗，不能自由通风，所以污染的空气就不能充分排放，污染空气在室内闭路循环，污染物越积越多，其危害性就越大。因此，必须引进足够的风量以改善室内空气的新鲜程度，足够的新风量是非常重要的卫生措施之一，切不可轻视。有些大楼管理人员为了节省能源，减少甚至长久不引进新风，室内空气污染就日益加重，能引起人们闻到特殊气味，眼睛刺激，容易感冒，容易患呼吸道炎症，咳嗽、打喷嚏、鼻咽部干燥，有人还会头晕，头痛嗜睡，乏力，注意力分散，记忆力减退，有人还会出现皮疹，瘙痒，严重者可引起肝肾损伤，窒息等症状。所以，定期引进足够的新风量是不可少的。空调机的换送空气都是在室内进行的，虽也有一定的净化装置，但净化效果是很不够的，必须要有新风。国家对旅店业制定了卫生标准《旅店业卫生标准》。

宾馆、饭店、旅馆、招待所等作为常见的公共场所，来自安全的隐患不容忽视，最为常见的火灾，还有交通运输安全等。例如，2005年6月10日11时40分左右，广东省汕头市潮南区峡山街道某宾馆突发大火，过火总面积2800 $m^2$，43间房间遭火焚毁，最为惨烈的是31人在火灾中丧生。

(5)服务业女性安全健康注意事项

①不宜浓妆艳抹。人体全身的皮肤共有汗孔2000万个以上，每天由汗孔排泄大约1.5万粒体内废物。少女浓妆艳抹脂粉，无疑阻塞了体内废物的排出，这样不仅影响体温调节，还容易造成“化妆品斑疹”，影响面肌发育和健美。

②不宜用激素促使乳房发育。有的少女嫌乳房小，而服用雌激素促使乳房发育，虽有暂时作用，但时间一长，会使乳腺、阴道、宫颈、子宫体、卵巢患癌症的可能性增加。滥用雌激素不仅容易引起

恶心、呕吐、厌食，还会导致子宫出血、子宫肥大、月经紊乱和肝、肾功能损害。

③不宜长期使用健美丰乳膏。有的少女嫌乳房发育差，涂抹健美丰乳膏使乳房丰满、增大，长期使用可引起月经不调、色素沉着、皮肤萎缩变薄，还可使肝脏的酶系统紊乱，胆汁酸合成减少，容易形成胆固醇结石。

④不宜穿高弹裤。高弹裤紧裹裆、臀和大腿，通透性差，影响血液和淋巴循环，妨碍关节伸屈和身体正常发育，且极易造成少女外阴炎，出现外阴瘙痒、疼痛、红肿，因搔抓可使阴部表皮呈弥漫性溃疡，排尿后痛痒更甚，腹股沟淋巴结因感染而肿大、疼痛。

⑤不宜穿尖头高跟鞋。少女脚趾软嫩，长期穿尖头高跟鞋，不仅挤压摩擦脚趾，还引起脚病。这种脚病，医学上称为高跟鞋跖痛症。常年穿高跟鞋，足弓抬高、加大，走路时足尖被迫挤压向前方，致使和跖神经伴行的血管管壁增厚，形成局部血栓，引起足跖神经缺血、变性，或形成嵌甲，疼痛难忍，遭致年老后脚病更多、更重。

⑥通过心理调节来消除和预防情感疲劳综合征，主要是找些办法来松弛一下神经，解除精神紧张状态。在劳逸结合中，积极主动的休息有着更广泛的内容，茶余饭后看书或看报、下棋、弹唱、、跳舞、绘画、欣赏文娱节目，根据自己的兴趣和爱好栽花、制作盆景、养鱼或织毛衣等，用以帮助消除一天来积蓄的紧张。当然，每天能保证充足的睡眠时间也是很重要的。

## 二、其他女性职业人群职业性疾患

1. 医疗护理人员

医院病房是患者逗留时间较长的特殊场所。入住者都是身患疾病的体弱人群，免疫力差，虚弱。因此，他们更需要高质量的住院环境。通常，病房的卫生要求已建立了统一的标准，各项指标都有严格要求。但是，近年来由于物质文明的飞速提高，医院里也要进行装饰装修，使用中央空调，增加各种电器设备等，带来了不少新的卫生问题，增加了不少新的有害因素。由于病人身体虚弱，对外界不良因素的影响则更为敏感，因此，更应该重视病房空气质量。例如，病房里装修，病人就必须事先转移到其他房间内，待装修完毕并经过几天的干燥、挥发，使潮气和各种挥发性有机物基本挥发掉以后，才能搬回来，以减少病人与有害因素的接触。病房空调更应保证足够的新风量。如果由于使用中央空调而不能打开门窗，则新风量的输入更不能忽视。

国家制定了《医院候诊室卫生标准》。其中规定候诊室空气中甲醛标准值为 0.12 $mg/m^3$。此数值可作为医院病房空气质量的参考。

护理人员绝大多数为女性，因其细致、耐心，富于同情心，故护士已成为女性的传统职业。护士工作的平均体力劳动强度比轻工业小，但需长时间的走动、站立。而且护理工作需要高度的责任心，易造成精神紧张。此外，还易有感染的危险，如结核、肝炎等。医务工作人员根据其在工作中的分工不同，可接触到化学药品及接受电离辐射（X 射线及 γ 射线）。

护理工作中可能危害生殖机能的因素有：①电离辐射，镭照射比 X 射线照射所造成的危害更大；②化学物质，如麻醉剂气体，接触细胞抑制剂及消毒剂；③感染，妊娠期间接触风疹病毒、巨细胞病毒、单纯疱疹病毒以及肝炎、腮腺炎、麻疹病毒，可影响胎儿发育。因为这些病毒均可通过胎盘造成先天感染，导致流产、早产、死产或婴儿的先天异常。

另外，上夜班会对身体造成多种损害：经常疲劳，免疫力下降。人若经常熬夜，造成的后遗症最严重的就是疲劳、精神不振；人体的免疫力也会下降，出现感冒、胃肠感染、过敏原等等的自律神经失调症状。长期上夜班会慢慢地出现失眠、健忘、易怒、焦虑不安等神经、精神症状。

2. 飞机女乘务员

近年来，飞机女乘务员的职业健康问题受到关注。时差的变化，不规则的工作时间，颠簸、低湿度、机舱中臭氧含量的增加都会增加人体的负担，再加上空中飞行的精神负担，无疑会影响身体健康。已有报道飞机女乘务员出现月经不调的情况，经期延长，周期紊乱及痛经。这可能是由于精神紧张、时差变化等多种原因造成的。

飞机上的环境及工作条件，如时差变化引起的生理节奏的紊乱，噪声；长时间立位作业，颠簸，机舱内缺氧等，可能给胎儿发育造成不良影响，故女性妊娠后应暂不从事空中工作。

3. 女司机、售票员

一方面司机需要精神高度紧张。另一方面，由于驾车时伴有全身振动的劳动条件，对女工的月经机能、妊娠经过及妇科疾病的发病均有不良影响。

女司机工作细致，安全意识及法律观念较强。但于经期，孕期时，有程度不等的精神心理变化出现，应适当休息。一般主张，妊娠后应暂时调换做其他工作。

交通安全是这一职业重要的安全问题。应严格遵守交通规则，应能熟练掌握突发交通事故时的应急处置方法和与原则。如心肺复苏、止血和骨折的固定。

4. 女教师、女播音员

对于教师、记者、主持人、播音员等用嗓过度的人来说，最容易出现的就是咽炎，在冬季还容易诱发慢性支气管炎。如果长年过度疲劳，耗费嗓子，就会出现咳嗽、嗓子疼、声音嘶哑等症状，严重的还有可能失声。

对于这类人群，每年进行耳鼻喉科检查是必须要做的，而在进行喉咙一类的检查前，千万不要吃各种含片或含色素的食物，以确保医生在检查时能够得到准确结果。老师们重点检查的部位自然是肺部，做胸透或 CT 都可以，只是 CT 的价格更高一些，但会更清晰准确。

5. 礼仪小姐、商场销售人员

静脉曲张主要发生在需要长期站立的工作人群，比如教师、礼仪小姐、商场销售人员等。工作久了，会发现腿上出现细细的“小蚯蚓”，这就是曲张的下肢静脉。长时间的站立姿势，由于重力作用使血液压力作用于静脉瓣，容易引起静脉曲张。

体检时，长期站立工作人群要注意检查是否有静脉曲张。如果确诊有静脉曲张的现象，一是要尽量少站多坐多活动，二是睡觉时不妨把腿垫高缓解病情，另外睡前用热水泡脚，热敷一下小腿。

## 三、服务业职业女性应急避险与自救

1. 火灾逃生与应急自救

(1)发现火情应及时拨打报警电话。报警时要讲清：哪里着火、什么物品被烧着火、着火处的详细地址、报警人的姓名和电话。

(2)报警后到门口或路口等候消防车。

(3)切记不能只顾灭火或抢救物品而忘记报警。

(4)不要盲目地跟随人流，相互拥挤；撤离时，应朝明亮或外面空旷的地方跑；若通道已被烟火封阻，应背向烟火方向离开。

(5)初期火灾处理

就地取材，可用棉被覆盖火苗，或用沙土、干粉等覆盖灭火，个别物品着火，能移到屋外的先移到屋外后灭火，要移走火焰附近的可燃物及液化气罐，防止火势蔓延，灭火时，门要慢慢开，以免空气对流，煤气、液化气灶着火，应立即关闭阀门，用衣物、被褥覆盖后再浇水扑灭。

(6)迅速逃离火场

平时留意应急逃生路线，选择简便、安全的通道和疏散设施，逃离火场，在烟火中逃生要尽量放低身体，沿墙角匍匐前进，并用湿毛巾捂住口鼻。

(7)逃生时注意事项

不能因惊慌而忘记报警；不能返回火场取贵重物品；衣服着火

时不要奔跑，迅速脱下燃烧衣物，也可以就地打滚，把火压灭。

(8)火灾中烧伤或昏倒人员的急救

①对烧伤人员的急救是：制止烧伤面积继续扩大和创面逐渐加深，防止休克和感染。

②对昏倒人员的急救是：将病人移至阴凉处，以获得充分的新鲜空气，有呕吐者应侧卧，无呕吐者平躺，下肢抬高20～30厘米，松解颈部、胸部衣服，保持呼吸道通畅，有呼吸困难情形，应将其置于半坐卧姿势，若急救后恢复知觉，应立即送往医院治疗。

2. 预防电器火灾伤害

(1)在公共场所使用电热设备时，要远离可燃物。如使用的红外线取暖器等，因它表面的温度很高，若靠近易燃物质，很容易引起火灾。

(2)使用的照明灯具要与可燃物质保持一定的安全距离。否则，照明灯具若紧贴在木板或其他可燃物上，其危险性也是很大的。因为灯泡的表面温度很高。比如60 W的白炽灯，表面温度可达135～180℃；100 W的白炽灯，表面温度可达170～220℃所以若灯泡与可燃物接触时间一长，就会引着起火。

(3)人们使用电熨斗熨烫服装，或使用电吹风修整发型时，用完后，应及时将电源切断，并放置在不燃的基座上，灯余热散尽后，再收存起来。不要用完后，立即装入纸箱内，那样其余热会引燃其他可燃物品而发生火灾。

(4)在公共场所人们维修电器设备使用的电烙铁，用完后，也应先拔掉电源插头，然后放在不燃的基座上或放在水泥地上，千万不要放在地板上和书桌上，以防温度过高而引起地板和书桌等可燃物起火。

(5)住在宾馆和饭店内的客人，尽可能不要使用电热杯和电褥子等电热用具。如确因身体所需，可先请示服务人员，经同意后，方能使用，并注意看管。电褥子的连续使用时间一般不超过4个小时。应注意，切莫偷偷使用，更不要将电热杯等放在床下烧水或做饭。那样一旦遇有急事，外出办事等忘记切断电源，长时间通电，杯干后会造成线路起火。

(6)在收听收看完收音机、电视机节目后，要及时关闭电源，当人们离开房间时，要将电源插头拔掉。

(7)在参加公共场所活动时，尽可能不要吸烟。假若要吸烟的话，烟头或火柴杆一定不要随便乱扔。要放在烟灰缸或痰盂内。否则扔掉的烟头或火柴杆因风吹、脚踢等弄到床下、柜台里，遇可燃物质，就会引起火灾。因为烟头的表面温度很高，一般可达 200～300℃，中心温度可达 700～800℃。而可燃物质的燃点大都在烟头表面温度以下，如纸张 130℃，松木 250℃。所以，吸烟时烟头或火柴杆乱扔是十分危险的。特别是扔在电梯井、垃圾井、电缆井危险性更大。因为在这些部位可燃物质很多，极易引起火灾事故。

(8)住在宾馆、饭店的客人，一定要吸取哈尔滨天鹅饭店的火灾教训，不要躺在床上吸烟，特别是酒后卧床吸烟。以防入睡后烟头掉在被褥上引起火灾。年纪大的老人和病人卧床吸烟时，应有人照看。

(9)剧场、俱乐部因剧目需要演员吸烟时，要有专门人管理，以防将烟头扔到幕布或布景上引起火灾。

(10)当参加公共场所活动时，要禁止易燃易爆物品带入。因为易燃易爆物品，一旦遇到明火，即可起火爆炸。如剧场、俱乐部演出时，使用的发令枪纸、鞭炮、烟火等易燃易爆物品，应有专人监护，并远离可燃物。

(11)公共场所停电后，使用蜡烛等照明时，要离可燃物远一些，并将其固定在非燃烧体的材料上。同时现场不能离人，当人员要做其他的工作暂离现场时，必须将蜡烛熄灭。防止蜡烛燃烧到最后或倒后引着其他可燃物起火，造成火灾事故。

(12)安装电器设备时，一定要按照额定电流安装，切不可超容量安装。

## 第四节 外来女工的职业安全与健康

农村女性进入流入地的工厂，被称为“外来女工”。在珠江三角洲遍布城乡的出口加工企业中，外来女工占工人总数70%以上，其中在流水线上女工占90%以上。在中国外向型经济最发达的地区，来自农村的外来女工是当地工人的主力军，其数量至少在600万以上。外来务工女性中存在的职业安全与健康问题最为突出。随着改革的深入，企业用工自主权的加大，有些企业为了降低人工成本，大量雇佣外地女工及农民工。而外来打工妹生活压力大，自身文化素质不高，择业面窄，在严峻的就业现实面前，为保饭碗，自身利益受到侵犯时，也不敢言。此外，由于她们文化水平低，对相关法律法规不了解，也不知如何维护自身权益。

### 一、面临各种严重的职业危害

2005年和2006年，全国总工会对非公有制企业进行了一次女职工劳动保护调查。调查表明，一些非公企业设备陈旧，厂房狭窄，作业条件恶劣。一些女工长期在粉尘、噪声、高温以及有尘毒危害的条件下工作。在制鞋、制革、箱包等行业尤为突出。有的地方甚至出现了女工井下作业的情况。在非公企业里，相当多的女工在“四期”内仍从事国家明令禁止的高处、低温、冷水作业和劳动强度三级或三级以上的体力劳动。这种现象在餐饮业尤为严重，比例高达39.3%。

在橡胶、制鞋、化工、陶瓷、铸造、玩具等外来女工集中的行业，她们长期在有毒有害作业的环境中工作，尘、毒、噪音严重超标。一些劳动密集和规模较小的企业设备陈旧、工艺落后、作业环境差、存在严重的事故隐患。大量外来女工，因自身文化知识层次低、技能缺乏，以及一些事实存在的女性就业歧视，工作环境更是极其恶劣，使得外来女工成为职业病的高危群体。还有很大一部分外来女工即使患有职业病也未被政府统计在内，更有大量流动人员或被隐瞒不报，或根本不知自己患有职业病。一些公司对职工在生产过程中接触有害气体的情况隐瞒不报，不向政府部门提交任何关于职业病危害的预评价报告。有的企业使用的化学品不标明化学成分、毒性和防护等说明，只用代号来代替，使一些外来女工在不知不觉中身体受损甚至中毒，有的人中毒还不知道是怎么回事，有的人竟然把中毒当做感冒、头痛、贫血等病治疗，职业风险加大。

在化工和建材行业，有 29.6％的女工在怀孕期间仍从事强度为三级或三级以上的体力劳动和孕期禁忌劳动。还分别有 17.7％、10.4％的女工在怀孕 7 个月以上仍被延长劳动时间和进行夜班劳动，她们不得不挺着大肚子坐在操作台前，抢赶老板派下来的订单。更多的女工在怀孕后选择离开，与其说是她们自己要求走的，更不如说是老板逼迫她们走的，因为她们实在承受不了繁重的劳动。即使生下孩子，有的企业老板仍安排她们从事强度为三级的体力劳动和哺乳期应禁忌的劳动。在鞋帽箱包业内，这种现象比较普遍，女工在哺乳期内延长劳动时间的占 14.8％，有 38％的女工在哺乳期内从事夜班劳动。在服装行业，女工不能享受 90 天产假的占 76.2％，不能享受哺乳时间的占 80.4％。

外来女工知识缺乏，无法进行自我保护。近年来我国新增的大量企业，如橡胶、制鞋、玩具业，都是外来女工容易聚集的工作场所，同时也是有毒有害场所。一些女工来自于偏远地区，最高学历仅有初中，职业文化知识相当缺乏，很多女工工作的时候不戴防护用品，生病后又不知是职业病，不知道可以向厂方索要赔偿，很多人在得知自己患职业病后也不知道要去专业医院检查。况且一些外来女工好不容易才找到工作，要生存还是要健康，很多女工只能无奈地选择前者。目前在企业中的职工很多是短期合同工、临时工，流动性大，给外来女工职工健康监护增加了困难。一旦工人出现职业病症状，便予以辞退，以逃脱承担医疗费用的责任。

## 二、工伤事故频发

外来女工往往集中于技术含量低、工作时间长的劳动密集型企业和工种。对于大量在中小企业工作的外来女工，在恶劣的工作条件下，常常受到物体打击、车辆伤害、机器工具伤害、起重伤害、触电、淹溺、灼烫、火灾等危险因素的伤害。据《工人日报》报道，深圳市 1998 年外来工中，经工伤鉴定的 1.2 万人，平均每天 31 人因公致残；死亡 80 多人，平均每 4 天半有 1 个人因工伤死亡。一位在广州市专门帮助外来工的机构负责人估算，珠江三角洲企业每年发生断指事故的个案至少有 3 万宗，被切断的手指头超过 4 万只(平均每天 111 只)。另一位常驻珠海免费帮助外来工打官司的法律援助者则推断，珠江三角洲企业每年有 8 万～10 万宗的断指个案。以至当地专门的手外科从无到有，现在整个珠三角地区这样的手外科中心超过 30 家。

外来女工更是外来务工人员中的弱势群体，其状况更为堪忧。由于加班加点严重，导致过劳死的情况屡屡出现。2003 年 7 月，据《广州日报》报道，“在竹料镇某电子厂，一个 17 岁的女工上班才 6 天就加了 48 小时班，结果因劳累过度死在宿舍”。这位名叫孙艳的女孩进厂的当晚就被叫去上班，因为厂里工资较低，“一个班 8 小时才 9 元钱左右，只有加班才能挣得到钱”，所以厂里的女工都被逼着拼命加班，每天加班 5～6 个小时是常事。7 月 6 日，孙艳先上了 4 个小时的班，然后从晚上 11 时一直加班至 7 月 7 日的 8 时，那段时间天气闷热，但工厂为了赚钱，封闭的车间一直关着空调只开风扇，再加上通宵加班，这名年轻的女工睡倒在宿舍的床上就再也没醒过来。

## 三、提高女工的自我保护意识与自我保护能力

首先，要迫使用人单位采取有效的防治措施，将职业病的危害减少到最小。实行岗前培训制非常重要，凡涉及职业危害的企业要对所使用的外来女工进行岗前培训，使她们掌握防护常识，避免不

必要的伤害。

其次，政府也要充分认识到外来女工职业病对国家造成的损失，要将建立一个防护体系作为一项公共安全政策，下决心出经费，提供知识技术机构人员方面的支持，要及时向外来女工提供职业病的源头信息、科学实用的防护知识以及危机救助及自救方法。

## 第五节 城市白领职业安全、健康及预防

一项针对25岁至45岁城市职业已婚女性进行的“健康状况及健康知识”调查显示，80.75%的女性认为压力很大。该项调查还表明，城市职业已婚女性的体力劳动强度和时间比过去少，但精神压力明显加大。而这正是损伤其肌体健康的重要因素。在衣着光鲜、谈吐自如、花钱无忧的背后，跟随职业女性的不只有压力，还有胃病、甲亢、失眠、抑郁、更年期提前等一系列病症。这一切都成了职业女性健康的大敌。

### 一、职业女性健康的危害因素

危害职业女性健康的因素主要包括三方面：体力、脑力透支，不健康的生活方式，缺乏自觉的健康意识和常识。对生活和事业具有双重责任的职业女性承受着沉重的双重压力，她们在有限的时间内，既要做好本职工作，又要面对初恋、结婚、生育、养育、夫妻情感、关护老人等事务，因此极易忽视自身健康和自我保健。

所谓不良生活方式是指不良的饮食习惯，暴食或过度饮食，嗜烟酗酒，运动过度或过少，情绪紧张，不注意健康预警，药物滥用等。不良的生活方式对身体的健康危害更大。WHO研究表明，每个人的健康与寿命如何，其遗传因素占15%，社会因素占10%，疾病因素占8%，气候因素占7%，自身因素（主要是不良生活方式）占60%。

正是在上述因素的不断作用之下，职业女性的健康状况在不断恶化，相关职业病也开始出现。目前，对于职业女性来讲，常见的职

业病主要有慢性疲劳综合征、胃肠功能紊乱、肌肉关节慢性损伤、贫血(尤其是脑贫血)、隐性更年期、心理障碍等。其中,慢性疲劳综合征的典型症状就是浑身感觉有气无力、特别懒散、肌肉酸痛、四肢乏力,感觉什么事也不想做。如果上述症状一直持续毫无减轻的迹象,或出外放松休息数日,仍然如此。这种情况下,应该考虑是否患了慢性疲劳综合征。然而,由于工作繁忙,很多职业女性都以为该病是由于感冒引起的,或周期性的疲劳感觉,实际上这是由于女性体内失调引起的,如果不引起重视,就会造成严重的后果。因此专家建议,一旦发现自己的症状如上所述,就应该立即到医院咨询医生,根据医生的建议进行心理治疗或药物治疗。

## 二、办公室女性电脑职业性疾病

现代白领女性的工作往往离不开电脑,由电脑带来的“职业病”正在困扰她们。

1. 屏幕脸

天天与电脑打交道的人,长期面对电脑屏幕,不知不觉中会产生出一张表情淡漠的脸,影响日常的人际交往,且容易产生人格障碍与性格异常。特别是从事电脑行业的,长时间的人机对话,缺少正常的感情交流,久而久之可能就会出现面部表情不丰富甚至无表情、表情淡漠的情况。时间长了,人际关系也会受到影响,严重的还会因此发生心理障碍。

预防:首先调整显示器的桌面,将电脑屏幕中心位置安装在与操作者胸部同一水平线上,视线应保持水平向下约 30 度。其次,室内光线要适宜,并避免光线直射在屏幕而产生炫光等干扰光线。如果空调房间比较干燥,可以在附近放一盆水,每过一段时间用清水湿润一下脸部(包括眼眶周围),每当注视屏幕一小时,就应闭眼休息或远眺数分钟,或做眼球转动。

2. 键盘腕

医学上称为“腕管综合征”。主要症状表现为手腕、拇指、食指及中指的麻木和疼痛，常自觉大拇指笨拙无力，拇指、食指、中指感觉迟钝和异常，而小指和无名指内半侧完全正常，如果让患者将两手搁在桌子上，前臂与桌面垂直，两手腕自然屈掌下垂，大约一分钟即可出现食指和中指的麻木。主要原因是长期从事电脑打字工作敲击键盘所致。长时间使用鼠标时，总是反复机械地集中活动一两个手指，而配合这种单调轻微的活动，还会拉伤手腕的韧带，导致周围神经损伤或受压迫。

预防：每工作一小时就要起身活动活动身体，做一些握拳、捏指等放松的动作。使用电脑时，电脑桌上的键盘和鼠标的高度，最好低于坐着时的肘部高度，使用鼠标时，手臂不悬空，移动鼠标时不要用腕力而尽量靠臂力做，不要过于用力敲打键盘及鼠标的按键。另外，鼠标最好选用弧度大、接触面宽的，有助于力的分散。将腕部垫起，避免悬腕操作。

3. 长时间坐位

长时间坐着的工作体位可影响盆腔内器官血液循环，同时，在一个工作日内，手指、腕及前臂可能要完成上万次的动作，长期从事这种职业，手指及腕部腱鞘炎的发病会增加。另外，由于需要因长时间保持同一个坐姿，肌肉没有机会伸缩，容易造成腰背酸痛等。

## 三、常见职业女性心理健康问题

随着竞争愈来愈激烈，现代职业女性的工作节奏日趋紧张，精神上容易产生巨大压力，精神上和身体上的超负荷状态对健康是非常不利的。如果不注意休息和调节，中枢神经系统持续处于紧张状态会引起心理过激反应，久而久之可导致交感神经兴奋增强，内分泌功能紊乱，产生各种身心疾病。作为职业女性，需要兼顾工作与生活，一些女性的常见生理、心理问题可能更为突出。

1. 经前紧张症

如兴趣改变、情绪波动、注意力集中困难、睡眠障碍、疲劳感等。

其中情绪不稳、易激惹、焦虑、抑郁等是最常见的症状。这些症状可以影响女性的工作效率、夫妻关系和生活质量。这些问题多数女性在行经时或行经后会自然缓解。

2. 产后抑郁症

多数女性在产后曾有过“心绪不良”或称“蓝色的情绪”。

3. 更年期精神卫生

包括更年期综合征、更年期抑郁症、更年期精神病等。爱出汗、爱脸红、爱唠叨、爱疑心、经常焦虑、容易发脾气。专家建议：保证睡眠，加强锻炼，防止精神创伤，预防躯体疾病，有更年期症状者，及时采用内分泌治疗，症状较重者，应及早到专科医院检查治疗。

职业女性在工作和生活中面临较大的心理压力，职业女性在感受压力的过程中，各脏器会有相应的反馈，继而导致亚健康或疾病。情绪方面主要表现为焦虑、迷惑、憎恶及沮丧等问题。自觉精神疲劳和低智能工作，注意力分散，缺乏自发性和创造性，自信心不足。肺脏在压力情况下，哮喘患者的病情常会恶化。心脏在压力下或之后不久，常会出现心绞痛、心律失常症状。人在压力状态下，各种轻微的肌肉震颤现象会变得更明显。消化道胃炎、胃及十二指肠溃疡、溃疡性结肠炎及过敏性结肠炎等消化道疾病有的是由于压力所造成的，有的会由于压力而更加恶化。生殖器官与压力有关联的问题包括月经周期紊乱等。许多人的膀胱在压力状态下的反应是“尿意频繁”。有些人在压力状态下会发生斑秃、湿疹及牛皮癣等皮肤病，口腔溃疡、口腔扁平苔癣等疾病反复发作。

## 四、办公室女性危害因素预防与应急

职业女性要注意缓解心理上的紧张状态，做到劳逸结合，张弛有度，合理安排工作、学习和生活，坚持体育锻炼。专家指出，对于职业女性来说，保持健康的最好方法就是防患于未然。而保持良好的心态、制定合理的膳食结构并养成健康的生活方式则是职业女性保持健康的三大法宝。

1. 需要保持良好的心态

职业女性的健康包括两大方面——生理健康和心理健康。而要心理健康就必须保持良好的心态，正确对待压力。这首先需要加强自身修养，遇到压力不惊慌，冷静思考，理智处理，在压力面前要勇于挑战，经得起挫折和失败。其次，要锻炼学会剖析压力的来源、性质、程度、危害与利弊等，制定相应的减负方法。再次，要特别注意强制自己劳逸结合，节制应酬。

2. 要制定合理的膳食结构

膳食结构的合理性应当包括事物营养的种类要齐全，营养素和热能的数量要合理，食物的营养素的比例要恰当，三餐的比例要适合（尤其是早餐）。对于职业女性来说，应当特别注意健脑饮食、减肥降脂饮食、三期（经期、孕期、哺乳期）饮食的调整，蛋白质、铁、钙等摄入要充足。

3. 健康的生活方式

包括合理膳食、平衡营养，体内酸碱平衡、居室卫生、美容、减肥、运动、情绪等。只有养成良好的生活习惯，有健康的生活方式，才能保持职业女性的健康。

4. 了解并学会应急逃生与自救知识

（1）正确使用灭火器

常见灭火器的使用方法基本相同：

①拔去保险销。

②手握灭火器橡胶喷嘴，对向火焰根部。

③将灭火器上部手柄压下，灭火剂喷出。

④灭火时，灭火器要保持直立，不宜水平或颠倒使用。

手提式灭火器使用方法如下：

这类灭火器包括清水灭火器、空气泡沫灭火器、二氧化碳灭火器、卤代烷灭火器和干粉灭火器。使用这类灭火器灭火时，可手提灭火器的提把或提圈，迅速奔至距燃烧处 5 米左右(清水灭火器 10 米左右)，放下灭火器，拔出保险销，一手握住灭火器的开启压把，另一只手握住喷射软管前端的喷嘴处(二氧化碳灭火器应握住手柄)或灭火器底圈，对准火焰根部，用力压下开启压把并紧压不松开，这时灭火剂即喷出，操作者由近而远左右扫射，直至将火焰全部扑灭。清水灭火器的开启有所不同，它是用手掌拍击开启杆顶端，刺破二氧化碳贮气瓶的密封片，灭火器随之开启。

(2)日常用电安全

一忌私拉乱接电气线路，随意增加线路负荷和不按标准安装用电设备；二忌电气线路老化后不及时更换或电线接头氧化、松动、油污而不及时重接；三忌电器使用或停电时不拔掉插头；四忌用钢、铁、铝丝等代替保险丝或超标准使用保险丝；五忌电器线路不穿管保护或沿可燃、易燃物敷设等。

当电力线路、电气设备发生火灾，引着附近的可燃物时，一般都应采取断电灭火的方法，即根据火场不同情况，及时切断电源，然后进行扑救。要注意千万不能先用水救火，因为电器一般来说都是带电的，而泼上去的水是能导电的，用水救火可能会使人触电，而且还达不到救火的目的，损失会更加惨重。发生电气火灾，只有确定电源已经被切断的情况下，才可以用水来灭火。在不能确定电源是否被切断的情况下，可用干粉、二氧化碳、四氯化碳等灭火剂扑救。

电器着火中，比较危险的是电视机和电脑着火。如果电视机和电脑着火，即使关掉电源，拔下插头，它们的荧光屏和显像管也有可能爆炸。为了有效地防止爆炸，应该按照下列方法去做：电视机或电脑发生冒烟起火时，应该马上拔掉总电源插头，然后用湿地毯或湿棉被等盖住它们，这样既能有效阻止烟火蔓延，一旦爆炸，也能挡住荧光屏的玻璃碎片。注意切勿向电视机和电脑泼水或使用任何灭火器，因为温度的突然降低，会使炽热的显像管立即发生爆炸。此外，电视机和电脑内仍带有剩余电流，泼水可能引起触电。灭火时，不能正面接近它们，为了防止显像管爆炸伤人，只能从侧面或后面接近电视机或电脑。

(3)火灾应急逃生

第一：熟悉环境，铭记出口。务必留心疏散通道、安全出口及楼梯方位，以便失火时尽快逃离现场。

第二：善用通道，勿入电梯。客用电梯在火灾时是禁止使用的，由于其封闭不严，容易成为烟火蔓延的主要通道。为避免伤亡，绝不要乘坐电梯，应选择消防楼梯和消防电梯，疏散到安全地带。

第三：不入险地，不恋财物。不要浪费时间去穿衣物或搜寻值钱的东西。时间宝贵，生命重要，没有什么东西值得拿生命去冒险。千万记住，既已逃出决不重返火场险地。

第四：保持镇静，迅速撤离。面对浓烟和烈火，要强令自己保持镇静。当火势不大时，要尽量往楼层下面跑。若通道被烟火封阻，则应背向烟火方向离开，逃到天台处。

第五：火已烧身，切勿惊跑。身上衣物着火时，千万不可奔跑拍打，因为奔跑和拍打时会形成风势，促旺火势。最佳办法是设法脱掉衣服或就地翻滚，或由他人帮助用被服覆盖，压灭火苗。

第六：发出信号，等待救援。在逃生无门的情况下，努力争取救援不失为上策，被困者要尽量待在窗口等易于被人发现和能避免烟火近身的地方，及时发出求救信号，引起救援人员的注意。在将要失去知觉前应努力滚到墙边，以便消防人员寻找、营救，因为消防人员进入室内都是沿着墙壁摸索前进的。

第七：简易防护，不可缺少。单位应备有防烟面罩，以便逃生时使用。必要时可用最简单的方法，如用毛巾、口罩蒙鼻，用水浇身，匍匐前进。因为烟气较空气轻而飘于上部，贴近地面逃离是避免烟气吸入的最佳方法。

第八：缓降逃生，滑绳自救。高层写字楼应备有高空缓降器或救生绳，以便火灾时人员通过这些设施安全离开危险楼层。必要时也可用床单、窗帘、衣服等连接成简单救生绳，并用水打湿，从窗台沿绳缓滑到下面楼层。

第九：争分夺秒，扑灭小火。当发生火灾时，如果火势不大，应奋力将小火扑灭。千万不要惊慌失措，置小火于不顾而酿成大灾。

第十：大火袭来，固守待援。大火袭近时，假如用手摸到房门已感烫手，此时开门，火焰和浓烟将扑面而来。这时，一定要关紧门窗，用湿毛巾、湿布塞堵门缝，或用水浸湿棉被，蒙上门窗，防止烟火侵入，等待救援人员到来。不要盲目冒险跳楼。

# 第四章
# 职业女性健康建议

## 第一节　青年女性孕产保健

婚前保健，是对即将婚配的男女双方在结婚前进行的与婚育有关的健康咨询、指导和检查，为婚后夫妻生活和谐、家庭幸福和孕育健康的下一代打下良好的基础。

### 一、婚前体检

婚前医学检查是对准备结婚的男女双方可能患影响结婚和生育的疾病进行的医学检查，利用婚前保健对新婚人群进行生育健康知识、性保健知识、避孕节育知识的培训和教育，是预防疾病传播、减少出生缺陷、提高出生人口素质的"面对面"咨询的好时机。婚前保健掌握了结婚人群的相关信息，对后续的孕期保健、围产期保健及儿童保健进行准备。婚前医学检查包括询问病史、体格检查、梅毒筛查、血尿常规、胸透等常规辅助检查和乙肝、淋病、艾滋病等特殊检查（根据需要或自愿原则确定）。建议青年女性进行婚前体检。

### 二、孕妇不宜使用的抗菌素

孕妇是一个特殊人群，假如不慎用抗菌素，常会导致对胎儿的伤害。如：

(1)青霉素：可引起胎儿严重黄疸，严重时可导致胎儿死亡。

(2)链霉素：可引起胎儿先天性耳聋以及骨骼发育畸形。

(3)四环素：可致牙釉质形成不全，引起“四环素牙”，骨骼、心脏畸形，先天性白内障，肢体短小或缺损，新生儿黄疸，最严重的可能出现脑核性黄疸甚至死亡。

(4)土霉素与强力霉素：可使胎儿短肢畸形。

(5)氯霉素：可致使新生儿血液循环障碍、呼吸功能不全、发绀、腹胀(也称“灰婴综合征”)。如在妊娠末期大量使用，可引起新生儿血小板减少症及再生障碍性贫血或胎儿死亡。

(6)卡那霉素：可导致耳聋。

(7)红霉素：可导致先天性白内障与四肢畸形。

(8)庆大霉素：可造成胎儿耳损伤，甚至引起先天性胃血管畸形和多囊肾。

(9)磺胺类药物(尤其是长效磺胺和抗菌增效剂)：可导致高胆固醇血症、脑核性黄疸、畸形。而多粘菌素 E、B 以及万古霉素长时间服用可导致孕妇发生急性肾功能衰竭，使婴儿在出生后 3 年内容易患神经—肌肉阻滞、运动失调、眩晕、惊厥和口周感觉异常等。而万古霉素还可能导致婴儿暂时或永久性耳聋。

(10)利福平：可导致胎儿畸形。

## 三、适度进行运动和锻炼

国内外大量的研究表明，孕期适量的身体运动对母子都有益处。不仅减轻怀孕期间身体不适感，而且也有助于自然分娩；运动时体内释放的多种激素，可以缓解孕期紧张的情绪，保持心情舒畅。

在轻松、和谐的音乐中进行孕期的运动时，腹中的胎儿也同时在享受运动的乐趣。运动加速了母体的血液循环，使充足的氧气进入胎儿血液，也有助于胎儿的生长和发育；还有按摩胎儿的作用，对胎儿是一种极大的安抚，让他感到舒服和安慰。在美国、日本等推广孕期运动的国家，人们发现那些在孕期经常参加运动的孕妇所分娩的宝宝，其平衡感等综合感觉往往优于一般的宝宝。

## 第二节　中年女性保健与更年期综合征的预防

女性随着年龄增长，各种妇科疾病的患病率也随之增高。由于工作和生活双重压力，常常会处于亚健康状态。

### 一、中年女性常见的心理问题

中年女性大都身兼工作和生活的双重压力，在家庭中，处于中年的女性已经感觉到了危机。孩子大了，自己老了，即将步入更年期。而此时正是丈夫的鼎盛时期。这个时候的女性已经将全部的精力放在了老人、孩子和丈夫的身上，留给自己的空间小了，所以她们对来自家庭的对自己所产生的危机感十分重，唯恐丈夫"出轨"，唯恐孩子学坏。

对于中年女性来说，一旦心理有了问题，原始的解决方式一般是自己忍了，不管是来自生活中的问题，还是工作上的困难，一般都会为了整个家庭的稳定，为了工作与同事的和谐，自己将所有的牢骚咽到肚子里，自己慢慢地消磨掉。

随着经济的高速发展，生活节奏的不断加快，太累、太疲劳已是人们日常生活中的"口头语"。心理疲劳正在成为现代社会、现代人的"隐形杀手"。医学心理学研究表明，心理疲劳是由长期的精神紧张压力、反复的心理刺激及恶劣情绪影响逐渐形成的。如果得不到及时疏导化解，长年累月，在心理上会造成心理障碍、心理失控甚至心理危机，在精神上会造成精神萎靡、精神恍惚甚至精神失常，引发多种心身疾患，如紧张不安、动作失调、失眠多梦、记忆力减退、注意力涣散、工作效率下降等，以及引起诸如偏头痛、荨麻疹、高血压、缺血性心脏病、消化性溃疡、支气管哮喘、月经失调、性欲减退等疾病。心理疲劳是不知不觉潜伏在人们身边的，它不会一朝一夕就置人于死地，而是到了一定的时间，达到一定的“疲劳量”，才会引发疾病，所以往往容易被人们忽视。

据调查资料显示，近半个世纪以来，高血压、冠心病及肿瘤等已成为严重威胁人类健康的疾病。这些疾病的病因、病理较为复杂，但一般与精神心理、社会环境及生活方式等因素有密切关系。世界卫生组织在一份报告中称：“工作紧张是威胁许多在职人员健康的因素”。这一结论明确指出了过度劳累对现代社会人们健康的危害。

中年女性大都身兼工作和生活的双重压力，由于生理特点，又承受了诸多妇科疾病的痛苦。压力大的女性患病率高，所以，一方面处理好工工作和生活的关系，积极从事体育运动，另一方面，中年女性还一定要注意心理健康调节。

1. 心理健康调节

(1)提高工作和生活的热情

对习以为常的事情尽量保持足够的兴趣。在日常生活中，有许多是我们每天要重复做的事情，注意培养对这些简单事物的欣赏和理解能力，于平常中寻找闪光点，使自己的生活变得丰富多彩，趣味无穷。

(2)热爱本职工作

当今社会，竞争已引入了各行各业，女性对于事业的要求越来越高。女性朋友应该尽量以愉悦的心情对待现有的工作，培养对工作的“感情”。乐于工作，并能从工作中获得满足感：在工作中与他人建立和谐关系，且乐于与人交往，对自己所从事的工作有适当的了解，并乐观积极，对工作中的问题，能用实效之法谋求解决，

(3)增加沟通

现代都市人各忙各的事，少有三五知己聚在一起聊天谈心的时候，尤其是家庭主妇更是如此。其实，女性非常需要有朋友，倾诉生活、工作中开心或不开心的事情，俗话说：一吐为快，许多不愉快，说出来了，心里会感到充实、畅达，可以达到减少疾病的效果。

(4)保持良好心态

对于工作、生活中的一些琐事，只要没有原则之争，纵然不合心意，也以"糊涂"为上。不斤斤计较，积郁在心；不任意发怒，争吵不休，殊不知怒伤肝、心、肺，还易使神经系统出现失调和紊乱。友善的心态，能使人体神经系统的兴奋水平处于最佳状态，可促进体内分泌出一些有益的激素、酶类和乙酰胆碱等，从而提高肌体的抗病能力。通过营造有利自己工作与生活的宽松环境，使自己始终保持心情舒畅的状态，以达到健康的目的。

(5)科学的养生和疾病观

人食五谷杂粮，身体不适在所难免，关键在于日常生活中注意培养良好的生活方式，维护好自己的身体。整日胡思乱想，疑神疑鬼，造成极大的心理压力，反而会贻害身体。

(6)培养幽默乐观的个性

风趣、幽默不仅能使人心胸开阔舒畅，把积郁的忧愁抛掷到脑后，还有助于搞好人际关系，营造良好融洽的氛围。

2. 办公室身体保健常识

(1)预防颈椎病

伏案工作和长时间对着电脑最耗费的就是颈椎。长期一个姿势呆着，脖子紧张地较劲，颈椎最容易产生增生和变形。而且，长期在办公楼工作的中年女性，很难得到运动的机会，代谢紊乱也是难免的。颈椎病通常发生在久坐办公室，或者在电脑前一动不动的人身上。颈、肩、背、手臂酸痛、脖子僵硬、活动受限、颈肩酸痛，这些都是颈椎病的主要症状，然而这些现象，往往会被一些人所忽视。为了尽量避免这种疾病的产生，在这里介绍一些可以预防颈椎病的颈部保健操，帮助女性朋友们远离这种疾病。

坐姿颈部保健操：坐在凳子上，两腿平放，双手自然下垂。

①探仰头式。身体放松，脖子向前探，并且尽量使下巴靠近胸部，保持姿势不变 5 秒左右，然后把头缓缓后仰，达到最大限度后，同样保持 5 秒，随后恢复正常姿势，连续做 2～6 次。头部前后左右

轻轻摇晃，时间 10 秒为宜。

②转动肩关节式。肩关节由前至后连续做划圆动作，然后反方向由后至前连续做划圆动作，重复 4～6 次，注意速度不要太快。

③旋转头部式。从左到右旋转头部，然后反方向旋转，重复2～6 次。

④左右偏转头部式。头向左偏，努力接近左肩，然后换方向，重复 4～6 次。

⑤摸耳式。将左手侧向上举，越过头顶去摸右耳，再用右手以同样姿势去摸左耳，连续 4 次。

⑥仿自由泳式。手臂伸直，以肩关节为轴，大臂向前绕环 6 次，然后再向后绕环 6 次。

⑦仿蛙泳式。双手向身体前方伸出，交叉，脸正对手背，接着手朝两边伸展开去，最后于胸前合拢，重复 6 次。

另外一种办法是首先将手掌置于额头前、用力按压额头，额头同时用力顶手掌；将手掌置于后脑勺，用力按压后脑勺，后脑勺用力顶手掌，尽量将双肩下压，而头向上伸，肌肉收缩，使脊柱得到拉伸。每个动作 4～6 次，每次 10～15 秒。在平时，利用每天的空闲时间就可以进行这项简单的练习，如上下班、排队等，以摆脱颈部不适。

(2)长时间在空调房工作的保健

夏天在空调房时间太长很容易受寒，加上一直不出汗，会使人头痛、头闷、恶心，还会出现食欲低下、拉肚子等症状。特别是夏天人们吃冷食太多，容易得“冰箱病”，这两种病症里外夹攻，使人表里受寒。

生姜具有温中散寒、发汗解表的作用，喝用生姜泡的茶对预防和治疗“空调病”、“冰箱病”都非常有效。值得一提的是，饮生姜茶毫无禁忌，任何体质的人都适合。每次取生姜 3～5 片，大约 5～10 克，用沸水沏开即可。如果想要生姜的效力发挥更强一些，可以在沸水中煮 5 分钟，或者在微波炉里高火加热 3 分钟。生姜茶一定要趁热喝，因为“空调病”或“冰箱病”都是因为肺胃受寒，一定要喝热姜茶才能驱散体内的寒气，帮助身体出汗，有效排毒，并增强免疫力。如果肚子明显不舒服，可在生姜茶中加一点藿香，就能很好地祛除体内的湿气，或者加一些荷叶、薄荷，效果也很好。

(3)对抗亚健康

在办公室里，要特别注意克服不良的坐姿，因为不良坐姿是造成肌肉酸痛的主要原因。另外，常需要伸手取物或弯腰取物的人，不可坐在椅子上取物，因为坐着转动的椅子上会伤背，不如站离座位去取。

合适的椅子让你坐上去脚底触地时膝盖恰好呈 90 度，小腿要往前伸五六厘米，如果双腿长时间往内收，会造成血液循环不顺畅。专家认为，不要坐得笔直，身体稍微往后靠，使脊椎自然弯曲，腰背部有椅背靠可减少酸痛。

(4)健康饮料

①绿豆薏仁汤

绿豆可以清热解毒、利尿消肿，薏仁则可以健脾止泻，轻身益气，对于经常需要熬夜工作者或是心烦气躁、口干舌燥、便秘、长青春痘时，除了多吃蔬菜水果与补充水分外，把绿豆薏仁汤当点心食用，对于消暑除烦非常有帮助。

②绿茶

绿茶是近几年来最为人所津津乐道的养生饮品，因为其中含强效的抗氧化剂儿茶酚以及维生素 C，不但可以清除体内的自由基，还能使副肾皮质分泌出对抗紧张压力的荷尔蒙，当然绿茶中所含的少量咖啡因也可以刺激中枢神经，提振精神。最好在白天饮用以免影响睡眠。

③枸杞茶

枸杞子含有丰富的β胡萝卜素，维生素 $B_1$、维生素 C、钙、铁，具有补肝、益肾、明目的作用，因为本身就具有甜味，不管是泡茶或是像葡萄干一样当零食来吃，对计算机族的眼睛酸涩、疲劳、视力下降的问题都有很大的帮助。

④菊花茶

有明目清肝的作用，有些人就干脆菊花加上枸杞一起泡来喝，或是用蜂蜜菊花茶都对疏肝解郁很有帮助。

## 二、更年期女性健康调节

更年期是女性生殖功能旺盛状态到完全衰退的一个过渡阶段，也就是生育期向老年期的过渡时期。进入更年期后，随着卵巢功能逐渐衰退，体内激素（主要为雌激素）水平的下降，女性身体会出现一系列的生理和心理变化，如月经的变化、生殖器官的萎缩，生殖泌尿系统容易出现炎症、骨骼疏松、高血脂、阵发性潮热以及精神上的改变（如情绪不稳定），再加上这一年龄段往往会有一些工作和社会环境的变化，加重身体和精神上的负担，出现一系列以植物神经紊乱为主的症候群，称为“更年期综合征”。据统计，更年期综合症发病率达 80%以上。更年期所在的年龄段大致为 40—60 岁，这段时间约占人生的 1/4，更年期又是中年迈向老年的关键。在更年期，大约 80%的女性都会被一系列或重或轻的症状所困扰，有 10%的女性会出现比较严重的低雌激素症状，需要补充性激素来替代。

1. 更年期症状

(1)因卵巢功能衰退及激素水平降低而发生的症状：早期有闭经、月经不规则、萎缩性阴道炎、潮热伴出汗、血压增高；晚期有外阴阴道萎缩、干燥、性交痛、外阴痛痒、膀胱及尿道出现尿浊、尿急、尿失禁，子宫盆底松弛，子宫及阴道脱垂，皮肤、毛发及黏膜干燥，失去弹性；出现心绞痛、冠心病，易发生骨折、腰痛，乳房松弛、下垂。

(2)精神、神经症状：易疲倦、头痛、头晕、易激动、忧虑、抑郁、失眠、思想不集中或情感淡漠、紧张或不安、情绪波动。

(3)新陈代谢性障碍：肥胖，体重增加，脂肪堆积部位多在腹部、臀部、乳房、颏下及上肢等处。部分患者有关节痛、骨质疏松，常累及脊椎，故常有腰背痛。

女性进入更年期之前一般都有某些症状。如患者感到胸部、颈部及脸部突然有一阵热浪扩展的感觉，同时上述部位的皮肤发红，并往往伴有出汗。又如平时月经较准，经前也无特殊不适，而突然在某次月经前发生乳房胀痛、情绪不稳定、失眠多梦、头痛。

2. 健康调节

更年期是女性一生中必经的生理时期，有时出现一系列不适症状是不可避免的。应努力学习保健知识，保持乐观情绪，以平和的心态去面对。提倡走出家门，结交朋友，热心于社会活动，以获得家属和社会的关心、理解、安慰和帮助，顺利度过这一非常时期。另外，要定期进行妇科健康检查，做到有病早治，无病早防。为预防骨质疏松，中老年女性应坚持体育锻炼，增加日晒时间，摄入足量蛋白质及含钙丰富食物，并补充钙剂。

(1)学会重新安排生活，思想上不要钻牛角尖。凡事往好处想，微笑对待一切，才能适应生理上的变化。良好的情绪可以提高和协调大脑皮层和神经系统的兴奋性，充分发挥身体潜能，使人精神饱满、食欲增强、睡眠安稳、生活充满活力。对提高抗病能力、促进健康、适应更年期的变化大有益处。并且，参加适度的体育锻炼。

(2)坚持适度的性生活。女性月经停止，只表示生殖功能停止，性功能减退，但仍会有正常的性反射。因此，更年期女性可以坚持适度的性生活，性生活的时间和频率可根据双方的体质和习惯决定。

(3)更年期妇女要注意合理饮食

更年期妇女除了注意精神心理卫生外，合理膳食也要相当的注意。

复合维生素 B 对维护神经功能，促进消化，预防头痛、头晕，保持记忆力等大有裨益。小米、麦片、玉米等粗粮及蘑菇、香菇等蕈类食物中含较丰富的维生素 B，更年期妇女应适当多吃这些食物。

更年期妇女水盐代谢紊乱，容易发生水钠滞留，引起浮肿，并进一步引起血压升高。所以，应限制食盐，用盐量宜为中青年时的一半。更年期妇女的糖代谢、脂肪代谢也常紊乱，容易发生血糖升高，血脂升高，体趋肥胖，以及糖尿病、动脉粥样硬化。所以，更年期妇女要少吃甜食、动物脂肪和动物内脏，多吃些粗粮。随着年龄增长，基础代谢降低，容易发生能量过剩。所以，体趋肥胖的妇女应限制主食进食量。在膳食上应保证蛋白质供应，可多吃些瘦肉、鸡、鱼、蛋、乳制品及豆制品。一般植物油中不饱和脂肪酸含量较高，如豆油、菜子油、玉米油、麻油、葵花油都含高热量，过多食用会发生能量过剩。有报道说，过多不饱和脂肪酸的摄入还可增加癌肿的发生率。

不少更年期妇女月经紊乱，经血量多，经期延长，周期缩短，常可导致贫血。对此，首先要积极治疗月经紊乱，同时注意补充蛋白质、铁、维生素 A、G、$B_{12}$与叶酸，多吃动物肝脏、瘦肉、鸡鸭血及新鲜蔬菜，水果、红枣、赤豆、桂圆、糯米也有健脾益气补血作用。

更年期妇女钙磷代谢紊乱，容易发生骨质脱钙，骨质疏松，故应补充钙。可多吃些鱼、虾皮、芝麻、豆制品等含钙丰富的食品。牛奶中钙含量多，且易吸收，是理想的补钙佳品。

更年期妇女不要吸烟和饮酒、咖啡、浓茶等刺激性饮料。酸枣、红枣等具有安神降压作用，可多食用。

“药补不如食补”。更年期妇女如注意心理卫生，合理饮食，不仅能安然渡过更年期，而且许多不适之症可不治而愈。

## 第三节　常见妇科疾病及预防

女性生殖系统的疾病即为妇科疾病，包括外阴疾病、阴道疾病、子宫疾病、输卵管疾病、卵巢疾病等。妇科常见疾病包括各类乳腺疾病、阴道及子宫的炎症及囊肿或肿瘤等。并且，妇科疾病是女性常见病、多发病，由于发病率很高，各类妇科疾病是困扰女性正常工作和生活的大敌。但由于许多人对妇科疾病缺乏应有的认识，缺乏对身体的保健，加之各种不良生活习惯等，使生理健康每况愈下，导致一些女性疾病缠身，且久治不愈，给正常的生活、工作带来极大的不便。

## 一、女性乳腺疾病及其预防

乳腺疾病是严重危害女性健康的常见病、多发病。常见的乳腺疾病有：乳腺炎、乳腺结核；乳腺增生、乳腺纤维瘤、乳腺导管内乳头状瘤、乳腺癌等。据调查发现，全国约25.8%的女性患有乳腺疾病。乳腺增生症的发病率已达育龄女性的60%以上。女性乳腺肿瘤发病率近年增加了39%，发病年龄提前了10岁。乳腺癌位于女性常见肿瘤的第一位，严重威胁着女性的生命和健康，是夺取女性生命的"第一号杀手"。我国女性乳腺癌发病有两大特点，一是发病年龄比西方发达国家提前10～15年，二是中晚期病例占35%，比美国高出15%～20%。

常见的乳腺病症状有：乳房疼痛、乳房肿块、乳房皮肤的改变、乳头内陷、乳头溢液等。根据有关专家分析，乳腺病可能与下列因素有联系。乳腺疾病的产生原因如下：

(1)乳腺是性激素的靶器官，受内分泌环境的影响而成周期性变化。当"性"的环境扩大及刺激的机会增多，可促使"动情素"分泌，造成雌激素增多而孕酮相对减少最终导致乳腺疾病的发生。

(2)长期使用含雌激素的面霜，或经常服用含有雌激素的药物，使体内雌激素水平失去平衡，久之可诱发本病。

(3)随着社会的发展，人们的竞争意识不断增强，采自社会各方面的应激亦增多。人的情绪经常出现波动，甚至情志不畅，或性情急躁，暴怒伤肝，忧郁伤脾，以致肝气郁结，肝胃不和或冲任失调，气滞血瘀，而导致发生了本病。

(4)其他：未婚、未育、乳房发育小、哺乳少，均可能促发乳腺疾病。

### 1. 乳腺炎及其预防

乳腺炎是指由化脓性细菌侵入乳腺而引起的急慢性乳腺炎、乳腺脓肿。急性乳腺炎是产后哺乳期女性常见疾病，主要是乳管不通畅，使乳汁淤积，继发细菌感染。预防乳腺炎的主要措施是防止乳汁淤积和细菌感染。

(1)防止乳汁淤积。产后应尽早哺乳。哺乳前热敷乳房以促进乳汁通畅。如果感到乳房胀痛要及时热敷,热敷后用手按捏乳房,提拔乳头。婴儿吸吮能力不足或婴儿食量小而乳汁分泌多者,可用吸奶器吸尽乳汁。

(4)保持乳房清洁,防止细菌感染。产前清洗乳房,去除乳头部粘垢;哺乳前要清洗乳头,尤其是乳头已有破裂者;避免对乳房的挤压,要穿宽松衣服。

(5)宜常做自我按摩。产妇要养成自我按摩乳房的习惯。方法:一手用热毛巾托住乳房,另一手放在乳房的上侧,以顺时针方向转向按摩。如果乳房感到胀痛,或者乳房有肿块时,手法可以重一些。在自我按摩的同时,可稍用力挤压乳房,把乳汁从乳头挤出,反复几次后,乳腺管就通畅了。一般每天按摩1次,每次15～20分钟。

(6)少吃有刺激性的食物,如葱、姜、蒜、辣椒等。少吃热性食物,以免助火生疮。海带有软坚散结作用,可以常吃。

2. 乳腺增生及其预防

乳腺增生是乳腺组织的良性增生性疾病,既不是炎症也不是肿瘤,而是乳腺组织正常结构的一种错乱,包括单纯性乳腺增生、乳腺腺病、乳腺囊性增生病等。

(1)在青春期应佩戴合适的胸罩,不要束胸,以利乳房的正常发育。

(2)保持精神舒畅和情绪稳定。现代医学证实,情绪不稳定会抑制卵巢的排卵功能,使雌激素水平增高,导致乳腺增生。

(3)避免使用含有雌激素的面霜和药物。为治疗更年期综合征需要补充外源性雌激素时,应保持最小剂量、最短疗程,否则会使体内激素水平失去平衡而导致乳腺增生。

(4)妊娠、哺乳对乳腺功能是一种生理调节。适时婚育、哺乳对乳腺有好处,30岁以上仍未婚、未育或哺乳少的女性易患乳腺增生。

(5)保持家庭和睦及性生活和谐,对预防乳腺增生十分重要。

性乱或性冷淡、性生活不协调均可引起内分泌紊乱，从而导致乳腺增生的发生。

(6)积极防治妇科疾病。研究资料表明，半数以上的妇科病人患有乳腺疾病，最常见于月经周期紊乱和附件炎患者，患子宫肌瘤的女性乳腺增生的发病率也很高。

## 二、妇科肿瘤及其预防

### 1. 妇科肿瘤的种类

妇科肿瘤分为良性和恶性，妇科癌症就是恶性肿瘤。根据不同的部位可以分为：外阴癌、阴道癌、子宫颈癌、子宫体癌、卵巢癌和输卵管癌等。宫颈癌、宫体癌、卵巢癌是发病率位列前三位的妇科恶性肿瘤。

### 2. 妇科肿瘤的发病原因

根据对大量病例的观察证明，妇科肿瘤的发病原因可能与以下因素有关：

(1)年龄：良性肿瘤多发生于生育阶段的女性，恶性肿瘤多发生于中老年女性，少部分特殊类型的肿瘤好发于青春期及幼年女性。

(2)生育：部分妇科肿瘤的发生与生育有关，其发病与早婚、早育、密产、多产等生育因素有关，如宫颈癌。子宫内膜癌又常与少生、不生有关。

(3)性卫生：不洁的性生活可引起女性生殖器官感染，如：阴道炎、宫颈炎、宫颈糜烂、盆腔炎、输卵管炎症等。它们成为外阴癌、阴道癌、宫颈癌及输卵管癌的重要发病因素。另外，经常经期性交、产期性交等均是宫颈癌发病的重要因素。

(4)内分泌：女性生殖器官肿瘤的发生与内分泌密切相关。卵巢功能减退引起的外阴萎缩是外阴癌发病的一个因素。母亲在妊娠期间用雌激素是青少年女性阴道透明细胞癌患者发病的重要诱因。子宫内膜癌、卵巢癌的发生与女性体内激素水平密切相关。

不经医生指导，私自服用含有雌激素的药物、补品及一些美容美肤用品，会在不知不觉中提高体内雌激素水平，而长期高水平雌激素的刺激是子宫内膜癌和卵巢癌的发病因素之一。

(5)遗传：遗传研究证明，母亲或姐妹中有人患卵巢癌、乳腺癌的女性，其卵巢癌发病率比一般人明显增加。

(6)不良生活方式：吸烟尤其是大量吸烟，可能是诱发宫颈癌的重要原因之一。据流行病学调查，吸烟女性患本病的风险较不吸烟女性增加 2 倍。另外，高脂肪饮食不仅会使人发胖，还会诱发子宫内膜癌。

(7)性生活早或不洁性交等易患子宫颈炎，导致宫颈癌。研究证明，过早发生性行为和性伴侣过多，是近年来女性子宫颈癌的发病人群出现年轻化趋势的罪魁祸首。

3. 妇科肿瘤的防治

预防癌症要做到“三早”(早期发现、早期诊断、早期治疗)。癌症的发生、发展和其他任何事物一样，有一个过程，肿瘤不是一下子就形成或长得很大，或一下子就转移了。如宫颈癌，开始往往是炎症，发展到鳞状上皮化生，然后到不典型增生，不典型增生又有轻度、中度、重度的发展过程，然后是原位癌、浸润性癌，再往下肿块一点点长大，最后才发生转移。

妇科肿瘤有几个关键性的问题需要注意：

(1)早期癌症病变治疗效果非常好，有很多癌症治愈的可能性很大，甚至可以做到完全治愈。

(2)对于早期发现的癌症，病变本身并不复杂，病灶较小，没有转移，没有其他并发症，在治疗方法上相对单一，对技术要求也不是非常高，治疗费用相对较少。

(3)病人如果得到早期治疗，承受的痛苦并不大，若到了晚期，病情复杂，出现各种并发症，转移病灶也有了，治疗难度增加，治疗花费也大大增加，病人所受的痛苦也就更大了。

## 三、其他妇科疾病及预防

1. 各类妇科疾病常见症状

(1)阴道炎：外阴瘙痒，局部糜烂、溃疡，伴尿频、尿痛及性交疼痛。

(2)盆腔炎：急性下腹疼痛，白带增多，呈脓性、有臭味，体温高、周身不适、失眠等。

(3)非淋菌性尿道炎：尿道刺痒、烧灼感和排尿疼痛，有浆液性或脓性分泌物。阴道分泌物增多或阴道不规则出血及经血不止。

(4)病毒传染疣：初期为肉色或粉红色小丘疹，逐渐变大增多，呈扁平状、乳头状、菜花状或鸡冠状。

(5)不孕症：夫妇同居两年以上，未避孕，性生活正常而未受孕者。

(6)子宫肌瘤：是女性生殖器官中最常见的良性肿瘤，多见于30—50岁女性。临床表现为月经异常、下腹部可摸及包块、白带增多、腰酸、下腹坠胀、腹痛、尿频等症状。

(7)卵巢囊肿：是一种常见的卵巢良性瘤，通常下腹内有一个坚实而无痛的肿块，有时性交会发生疼痛。当出现以下情况时应予足够重视：痛经，以前不痛经者开始痛经或痛经持续加重；月经失调，以前规则的月经变得没有规律；不孕；卵巢囊肿是导致不孕症的一个病因，这与囊肿的大小并无直接关系，原因还有待查明。

2. 预防措施

妇科疾病的预防，早期检查是关键，如果发现不良症状应及早到医院检查。

(1)预防妇科疾病，平时要保持外阴部清洁，坚持使用专用盆具、毛巾，内裤与袜子不同盆清洗。注意女性特殊时期的卫生保健。宜穿浅色棉布内裤，以便及时发现白带异常。外阴出现瘙痒切忌搔抓，不要用热水洗烫，忌用肥皂。

(2)注意性生活卫生,避免不洁性生活。药物避孕的女性如果反复发生阴道炎症,应停用避孕药,改用其他方法避孕。

(3)做好普查普治。有病时不要滥用抗生素,应及时去医院就诊,只有及时医治,才能尽早病去体愈。

(4)人流和生育次数过多也是诱发妇科病的原因之一。因此,应避免过多的人流刮宫和生育次数。

(5)要定期进行妇科病普查。一般情况下,40 岁以下已婚妇女每两年检查一次,40 岁以上妇女每年检查一次。

(6)月经期、流产后 30 天禁止同房,容易引起盆腔感染及血倒流引起子宫内膜异位症,甚至引起不孕等。

# 第五章

# 职业女性健康权益法律法规及案例

## 第一节　国内外女性安全与健康法规

女性基于生理特点以及有孕育第二代的任务，在生产劳动中应给予特殊的保护，各国在劳动法规中都对职业女性的安全与健康做了特殊的规定。对职业女性劳动权益的法律保护反映在两方面：一是与男劳工享有同等保护；二是对职业女性的特殊保护。主要是表现在三个方面，第一是禁止安排职业女性从事有害女性健康的劳动；第二是对职业女性的“四期”保护；第三是对职业女性安全与健康的其他措施。

### 一、我国有关职业女性安全与健康法规

到目前为止，我国已制定了一系列对职业女性劳动权益、职业安全、健康权益特殊保护的专项法律规定，包括《女职工安全与健康规定》(1988 年)，《女职工禁忌劳动范围的规定》(1990 年)，《女职工健康工作规定》(1993 年)，《女职工生育保险试行办法》(1994 年)。其他对职业女性的特殊保护散见于各个法律法规以及公共政策之中，如《劳动法》(1995 年)，《职业病防治法》(2002 年)，《工伤保险条例》(2003 年)。

1988 年 6 月 28 日，国务院颁发了《女职工安全与健康规定》，这是一部比较完善的女性安全与健康法规，对维护女工合法权益，保护女工健康及其子女的健康发育和成长有有重要意义，对贯彻落实我国实行计划生育、优生优育的基本国策也有重要意义。

1990 年 1 月 18 日，原劳动部又公布了与之配套的《女职工禁忌劳动范围的规定》，对女工禁忌从事的劳动范围，女工在经期、孕期、哺乳期应禁忌从事的劳动范围，分别做出了具体规定。

1992 年 4 月 3 日，我国又公布了《中华人民共和国女性权益保障法》，在第四章中明确规定："国家保障女性享有与男子平等的劳动权利……实行男女同工同酬"(第二十一、二十三条)。第二十五条规定："任何单位均应根据女性的特点，依法保护女性在工作和劳动时的安全和健康，不得安排不适合女性从事的工作和劳动。女性在经期、孕期、产期、哺乳期受特殊保护。"这条规定是对职业女性给予安全与健康的基本法律要求。2005 年 8 月进行了修订，名称变更为《中华人民共和国妇女权益保护法》。

1993 年 11 月 26 日，卫生部、原劳动部、原人事部、全国总工会、全国妇联联合颁发了《女职工健康工作规定》。这一规定是为了在职业女性保健工作中贯彻落实《中华人民共和国女性权益保障法》和《女职工安全与健康规定》而制定的。

1994 年 7 月 5 日，第八届全国人民代表大会常委会第八次会议通过了《中华人民共和国劳动法》，它是维护劳动者合法权益的基本法律。其中第十三条规定，女性享有与男子平等的就业权利。在录用职工时，除国家规定的不适合女性的工种或者岗位外，不得以性别为由拒绝录用女性或者提高对女性的录用标准。第二十九条(三)规定，女职工在孕期、产期、哺乳期内，用人单位不得解除劳动合同。第七章为女性职工和未成年工特殊保护，其中第五十九至第六十三条对女职工特殊保护做了具体的规定，并配套公布"违反《劳动法》的行政处罚办法"，可见我国对职业女性安全与健康的重视。

与保护职业女性健康有关的法规还有《工厂安全卫生规程》

(1956 年 5 月由国务院公布)，其中规定，工厂应根据需要设置女性卫生室，并设在工作场所附近，室内要备有必要的设备(第六十八条及第七十二条)。1979 年 9 月，卫生部、国家建委、计委、经委、劳动总局公布了《工业企、业设计卫生标准》(TJ 36—79)。此标准的第四章第四节为妇幼卫生用室，其中规定：最大班女职工在 100 人以上的工业企业，应设女职工卫生室；全厂女职工人数在 100 以上的工业企业，应设乳儿托儿所，并分别提出了对这些设施的卫生要求。

有的省、市颁发了本地区的职业女性权益保护条例，如《广东省女职工安全与健康实施方法》、《关于落实女职工生育待遇有关规定的通知》、《广东省计划生育条例》等。

1. 国家对劳动合同签订的有关规定

劳动合同的订立在《中华人民共和国劳动法》中都有明确规定，具体见“第三章 劳动合同和集体合同”。其中第二十九条明确规定：“劳动者有下列情形之一的，用人单位不得依据本法第二十六条、第二十七条的规定解除劳动合同：(一)患职业病或者因工负伤并被确认丧失或者部分丧失劳动能力的；(二)患病或者负伤，在规定的医疗期内的；(三)女职工在孕期、产期、哺乳期内的；(四)法律、行政法规规定的其他情形。”

用人单位与劳动者签订劳动合同时，劳动合同可以由用人单位拟定，也可以由双方当事人共同拟定，但劳动合同必须经双方当事人协商一致后才能签订，职工被迫签订的劳动合同或未经协商一致签订的劳动合同为无效劳动合同。

用人单位与劳动者之间形成了事实劳动关系，而用人单位故意拖延不订立劳动合同，劳动行政部门应予以纠正。用人单位因此给劳动者造成损害的，应按劳动部《违反〈劳动法〉有关劳动合同规定的赔偿办法》(劳部发〔1995〕223 号)的规定进行赔偿。

2. 国家对女性婚前及产前检查的有关规定

《女职工劳动保护规定》中对女性婚前及产前检查进行了明确

规定：

**第七条** 女职工在怀孕期间，所在单位不得安排其从事国家规定的第三级体力劳动强度的劳动和孕期禁忌从事的劳动，不得在正常劳动日以外延长劳动时间；对不能胜任原劳动的，应当根据医务部门的证明，予以减轻劳动量或者安排其他劳动。

怀孕七个月以上（含七个月）的女职工，一般不得安排其从事夜班劳动；在劳动时间内应当安排一定的休息时间。

怀孕的女职工，在劳动时间内进行产前检查，应当算作劳动时间。

3.《劳动法》对女职工特殊保护的规定

《劳动法》对女职工特殊保护的规定见“第七章　女职工和未成年工特殊保护”。具体如下：

**第五十九条** 禁止安排女职工从事矿山井下、国家规定的第四级体力劳动强度的劳动和其他禁忌从事的劳动。

**第六十条** 不得安排女职工在经期从事高处、低温、冷水作业和国家规定的第三级体力劳动强度的劳动。

**第六十一条** 不得安排女职工在怀孕期间从事国家规定的第三级体力劳动强度的劳动和孕期禁忌从事的活动。对怀孕七个月以上的女职工，不得安排其延长工作时间和夜班劳动。

**第六十二条** 女职工生育享受不少于九十天的产假。

**第六十三条** 不得安排女职工在哺乳未满一周岁的婴儿期间从事国家规定的第三级体力劳动强度的劳动和哺乳期禁忌从事的其他劳动，不得安排其延长工作时间和夜班劳动。

4. 法律责任

对用人单位违反法律、法规规定的，《劳动法》第十二章“法律责任中”，在第八十九条至第一百零五条中有明确规定，例如：

**第八十九条** 用人单位制定的劳动规章制度违反法律、法规规定的，由劳动行政部门给予警告，责令改正；对劳动者造成损害的，应当承担赔偿责任。

**第九十一条**　用人单位有下列侵害劳动者合法权益情形之一的，由劳动行政部门责令支付劳动者的工资报酬、经济补偿，并可以责令支付赔偿金：

（一）克扣或者无故拖欠劳动者工资的；

（二）拒不支付劳动者延长工作时间工资报酬的；

（三）低于当地最低工资标准支付劳动者工资的；

（四）解除劳动合同后，未依照本法规定给予劳动者经济补偿的。

**第九十二条**　用人单位的劳动安全设施和劳动卫生条件不符合国家规定或者未向劳动者提供必要的劳动防护用品和劳动保护设施的，由劳动行政部门或者有关部门责令改正，可以处以罚款；情节严重的，提请县级以上人民政府决定责令停产整顿；对事故隐患不采取措施，致使发生重大事故，造成劳动者生命和财产损失的，对责任人员比照刑法第一百八十七条的规定追究刑事责任。

**第九十五条**　用人单位违反本法对女职工和未成年工的保护规定，侵害其合法权益的，由劳动行政部门责令改正，处以罚款；对女职工或者未成年工造成损害的，应当承担赔偿责任。

## 二、国际有关职业女性安全与健康的规定

国际劳工组织的有关规定中，女性安全与健康包括四个方面的内容：①保护母亲，即保护女性的母性机能，如四期（月经期、孕期、产前产后期、哺乳期）安全与健康，中心是孕产妇保护；②规定女性的工作时间，孕妇、乳母禁止加班加点，女职工不做夜班等；③禁止女性从事危险有害作业；④男女有同等的就业机会，同工同酬。

由于生育是人类的社会义务，国家对保护母亲健康负有重要责任，归纳起来有以下特点：①延长产假时间；②放宽育儿假（哺育假）时间；③提高产假期间的生活津贴；④对妊娠期间或产后的解雇问题给予更为周到的考虑，如调换工作强度较轻的工作等；⑤加强对

双职工子女照顾的社会保障，如托幼机构的设置等。

国际社会对劳工、职业女性的劳动权益的保护，主要是通过国际公约和国际劳工标准的实施。主要公约有《公民和政治权利公约》、《经济、社会、文化权利国际公约》、《消除对女性的一切歧视公约》和《国际劳工标准公约》、《同工同酬公约》、《就业与职业歧视公约》等。具体涉及职业女性劳动保护的国际公约、条约、条例更多，例如有《防止苯危害公约》;《保护工人以防电离辐射公约》;《安全使用石棉公约》等数十个公约、条约、条例、建议书等。提高执行国际公约和国际劳工标准的自觉性，不仅是维护劳工权益的需要，更重要的是与国际公约、劳动标准接轨的体现；以及尊重劳工人权的同时，遏制外资进入市场的违规违法行为。中国已签约国际劳工标准核心公约中的六个，就要承诺或履行已签约的国际劳工标准公约。

## 三、我国职业女性安全与健康新特点

在市场经济大环境下，特别是劳动力市场供过于求，有些企业特别是一些非公企业，在招用职业女性时限制职业女性婚、育或者用签订短期劳动合同的办法规避职业女性在孕期、产期和哺乳期的相关义务，使她们在劳动领域被“边缘化”，女性成为“风险人群”。目前职业女性的安全与健康具有了新的特点。

1. 职业女性安全与健康措施落实不到位

主要体现在职业女性特殊保护的法律、法规的具体落实上，目前国有企事业单位一般能够严格按照国家有关法律、法规落实职业女性安全与健康工作，但是在一些非公有制企业中职业女性特殊权益措施不到位。尤其是职业女性的生育保险和“四期”保护被忽视以及职业女性“生了孩子、丢了位子”的现象仍有存在。职业女性产假后不再继续工作或被变相解雇现象突出。由于没有家庭负担，所以企业在招工中倾向于“青春期”女性，而企业与职业女性每年一签劳动合同又使企业对用工掌握了主动，一旦女职工开始休产假，部分企业就不再与其续签合同，不负担休产假的基本工资。有的企业将职业女性法定产假后的每天哺乳时间累计，除以每天工作时间，折成天数加入产假，当歇完产假后，原有岗位已被顶替，企业以无岗位为由将其列入富余人员，待合同期满后解除劳动合同。职业女性往往面临生育后即无工作的处境。有调查数据显示，有78.5%的女性在经期没有受到特殊保护；40.1%的女性在孕期没有受到特殊保护；25.6%的女性在哺乳期没有受到特殊保护。

2. 大量女工在劳动密集型企业从事技术含量较低和接触毒物工种

近年来，随着改革的深入以及城乡一体化进程的加快，越来越多的农村妇女走出家门，来到城市，走上了各类工作岗位。就业改变了传统家庭妇女的社会地位和经济地位，但同时，她们的从业环境并不理想，她们多工作于密集型的工厂或者劳动环境极差的中小企业。对外来女工危害最大的就是被称为工业化时代“隐性杀手”的职业病。

据调查，在橡胶、制鞋、化工、陶瓷、铸造、玩具等外来女工集中的行业，女工们长期在有毒有害作业的环境中工作，尘、毒、噪音严重超标。一些劳动密集和规模较小的企业设备陈旧、工艺落后、作业环境差、存在严重的事故隐患。大量外来女工，因自身文化知识层次低、技能缺乏，以及一些事实存在的女性就业歧视，工作环境更是极其恶劣，使得外来女工成为职业病的高危群体。

一些企业往往不对外来女工进行正常的体检和防护，不向外来女工传授相关防护常识。一些公司对公司职工在生产过程中将接触有害气体的情况隐瞒不报，不向政府部门提交任何关于职业病危害的预评价报告。有的企业使用的化学品不标明化学成分、毒性和防护等说明，只用代号来代替，使一些外来女工在不知不觉中身体受损甚至中毒，有的人中毒还不知道是怎么回事，竟然把中毒当做感冒、头痛、贫血等病治疗。例如，最显著的是制鞋业苯中毒。一是患病人数逐年增长；二是特殊群体出现中毒患者，未成年工及怀孕职业女性。外来女工职工知识缺乏，无法自我保护。

3. 大量女工加班加点现象比较严重

据统计，在广东“珠三角”所做的一次女工劳动状况调查显示，被调查的113家企业中，有94家企业存在加班加点现象。主要原因是企业到了生产旺季或为赶订单，要求女工加班加点，虽然多数企业能按照《劳动法》的规定发放加班工资，但也存在严重违法现象，如某企业女工连续加班三四个月，没有休息日和加班费，有的企业一天一班工作7小时，但其间没有吃饭时间，只有10分钟集体上厕所时间，而且一周只休息一天。还有的企业一天工作12小时，大大超出了女性承受能力，严重影响了女性的健康和休息，甚至引发职业病。

## 四、进一步加强女性职业安全与健康工作

对职业女性实行安全与健康保护是我国的基本国策，我国有关职业女性安全与健康的法律法规越来越趋向于完善。宪法赋予女性劳动权、就业权、男女同工同酬权；在劳动法和相关法律法规中对女性的劳动权益保护又给予了具体规定，以体现社会公正、经济公平。但科技的进步与经济的发展反映了我国劳动法及相关法律对职业女性安全与健康不足，女性职业安全与健康保护工作亟待加强。

1. 加强职业女性安全与健康体制保障

职业女性安全与健康工作，随着社会的变化，有一定的历史延续性。早在1950年，原劳动部、卫生部、全总和全国妇联就草拟了《保护女职工暂行条例(草案)》；1988年6月28日，国务院颁发了《女职工劳动保护规定》，这是一部比较完善的女性安全与健康法规；1990年1月18日，原劳动部又公布了与之配套的《女职工禁忌劳动范围的规定》，对女职工禁忌从事的劳动范围。1992年4月3日，我国又公布了《中华人民共和国妇女权益保障法》。1993年11月26日，卫生部、原劳动部、原人事部、全国总工会、全国妇联联合

颁发了《女职工健康工作规定》。各地方政府和对职业女性在安全与健康方面作出了具体的特殊的保护规定。

由于国家部门职责的交叉与分工不够明确，职业女性安全与健康工作一直没有得到有效的监督和管理，被处于弱化和边缘状态。目前，全国总工会设有女工部，工会组织有保护职业女性的安全与健康的职能，人力资源与社会保障部分管女职工的社会保障，国家安全生产监督管理总局分管安全生产，卫生部分管卫生监督工作，女性的权益保障又归属于全国妇联，尽管各地也设有妇联会，但能够到此投诉申冤、请求法律援助和保护的仍然是少数，并且妇联会也有一定的职能限制，所以，职业女性的安全与健康管理工作不够明确。由此可见，职业女性安全与健康缺乏有效的体制保障。

另外，许多企业没有建立健全职业女性安全与健康机构，没有建立相应的制度，特别是一些非公有制企业存在的问题更为突出：一是职业女性组织不健全，职业女性人身权益、劳动权益受到侵犯的现象时有发生；二是企业经营者只重视企业经济效益不重视职业女性安全与健康，违反有关法律法规，加班加点严重，不按规定发给职业女性加班费；三是部分职业女性素质较低，缺乏自我保护意识，有的一怀孕就离开工作岗位，回家生孩子，不要任何报酬，谈不上什么保护；四是劳动环境差，职业女性从事有毒有害作业，安全隐患也较突出。

国家应进一步加强制度建设，健全职业女性安全与健康专门机构，使企业有章可循，职业女性安全与健康得到切实保障。建议在政府安全监管部门中其监管任务应明确包括女工保护的职责，并应成立专门的监督部门，督查职业女性安全与健康情况。应进一步建立和完善相应的社会保障制度，使得从农村到城市打工的外来务工人员，尤其是职业女性因工伤或职业病，职业女性及其生育等得到保障。

2. 完善职业女性安全与健康立法，加强执法力度

随着经济的发展，企业的很多情况发生了变化。我国不少私营

企业、合资企业、独资企业主法律意识淡薄，职业女性的合法权益被侵犯的事情屡见不鲜。法律不健全，也使职业女性的合法权益不能得到很好的保护，而且有些规定又滞后于社会形势的发展，致使在保护职业女性合法权益方面出现漏洞，也给在职业女性安全与健康方面出现了“无法可依”的局面。如1988年9月1日开始实施的《职业女性安全与健康规定》，1990年1月18日颁布的《职业女性禁忌劳动范围的规定》，已不适应目前日益发展的社会需求。目前从业女职工主要存在于密集型的鞋厂、玩具厂、电子厂，所面临的已不仅仅森林、矿井、重体力活，更多的是制造业、加工业和生产密集型的生产企业，接触更多的禁止使用的有毒化学品、重金属等；或限制使用的化学品、重金属。例如用来刷鞋面或用来清洁生产工具用的苯、甲（乙）烷、三氯乙烯等，女职工中毒风险十分高，对女职工有可能造成生育或终身的伤害，法律法规针对化学用品的使用、禁忌，原有女职工安全与健康法规明显滞后。现行的相关法律法规对职业女性的安全与健康尚不够健全规范，应立即对目前已滞后的1988年国务院《女职工劳动保护规定》和1990年《女职工禁忌劳动范围的规定》予以修正及完善，以使职业女性的特殊保护真正具有现实意义。

另外，提高执法力度也是很重要的方面。例如国家及地方政府制订的法律法规对职业女性权益的保护基本是完善的，但往往得不到正确实施与执法。例如广东省关于对职业女性权益保护的法律法规条例基本上是完善的。但在广东，一些用人单位侵害职业女性权益的情况也是严重的。职业女性通过诉讼所应得到和赢得的权益，应该得到司法保护。通常职业女性诉讼所取得的权益多数需要通过执行实现，职业女性往往因文化低及家庭地位的影响以及对执行程序的不了解，而放弃诉讼权益的申请。例如：在鞋厂工作的中毒职业女性的经济赔偿金，在用人单位不能够自觉支付赔偿的情况下，职业女性只有依靠执行公正获得。如成立仲裁机构和法院的女性、儿童“维权法庭”，专门受理裁决职业女性安全与健康的案件，将这类案件区别于其他民事行政案件，对职业女性的安全与健康将能取到积极的法律和社会作用。

3. 通过多种途径进行监督检查，维护女工权益

如营造社会氛围，通过各种形式广泛宣传《妇女权益保护法》等一系列法律法规；加大监督力度。一是要督促有关部门重点对非公企业职业女性安全与健康的监督检查，并督促整改。二是充分发挥各级职业女性组织的监督作用，对职业女性特殊权益条款的履行情况进行监督检查；推进专项合同，为突出源头维护，应在协调劳动关系以及签订劳动合同和集体合同工作中，将职业女性权益保护内容纳入其中，签订有关职业女性权益、安全与健康等专项合同或条款；开展专项检查，建议企业落实妇科专项体检制度；发挥工会作用，积极推进工会组织建设，让更多的职业女性加入到工会组织中来，为维护职业女性的合法权益提供组织保障。

4. 职业女性应加强自身的职业健康保护意识

(1)职业女性应增强法律意识，认真学习《安全生产法》、《职业病防治法》和《职业女性安全与健康规定》等相关条例，了解劳动者依法享有的职业卫生保护的权利。一旦遭受职业病危害时，可以运用法律来保护自己。

(2)积极接受职业卫生教育、培训，掌握有关职业病防治知识；了解你所在的工作场所产生或者可能产生的职业病危害因素、生殖危害因素，以及危害后果和应当采取的防护措施。

(3)从业前进行职业体检，不从事本人职业禁忌的作业。月经期、孕期、哺乳期，不从事对本人和胎儿、婴儿有害的作业。

(4)完全按照操作程序工作。

(5)当化学物质不用时，应将其贮存在密封的容器中；避免皮肤接触；如果皮肤接触化学物质，应及时正确地清洗。

(6)防止职业危害因素污染家庭：下班回家前更换污染的衣服鞋帽，用肥皂和水将身体尤其是手清洗干净；将便装放在工作场所安全、卫生的地方；工作服要单独清洗(尽可能在工作场所)；避免将

工作服或其他物体带回家。

## 第二节　案例分析

**案例一:女职工禁忌劳动范围的规定**

某企业的女职工人数占了企业员工总数的一半,厂领导觉得对女职工的劳动管理有些难办,既然是男女平等,为什么要规定禁止女职工从事矿山井下、国家规定的第四级体力劳动强度的劳动,以及第三级体力劳动强度的劳动和其他禁忌从事的劳动,而男职工就没有呢?为什么要对女职工参加劳动作出特别规定呢?

因为女性有与男性不同的生理特点,并且还承担着孕育第二代的任务。而某些有害的职业因素对女性自身及其下一代会产生特殊的危害。为了保护女职工及其下一代的健康,必须根据女性生理特点及有害的职业因素对其可能产生的影响,合理安排女职工的劳动。

由于女性肌力一般小于男性以及循环、呼吸系统功能的特点,女性不适宜从事重体力劳动。女性有月经、妊娠、分娩、哺乳等生殖功能,接触有害职业因素往往会产生不利影响。例如,女职工如在工作中接触强烈噪声,接触超过一定剂量的放射线等物理因素和高浓度的铅、有机汞等化学物质,往往可发生月经不调、流产、早产以及妊娠高血压综合征等妊娠并发症,还可影响胎儿发育,出现先天缺陷或发育迟缓,从而危害婴儿出生后的体质或智力发育。有些化学物质还可自母亲乳汁排出,因而影响乳儿健康。因此,为了保护女职工及其下一代的健康,许多国家在劳动法规中都规定了禁止女职工从事某些危险有害作业的内容。

**案例二:女职工在月经期间禁止从事食品冷库内及冷水等低温作业**

牛某等13人是某肉类联合加工厂女职工,1995年9月16日向当地劳动争议仲裁机关提出申诉。她们13人都是1995年年1月进厂的职工，在肉类加工车间工作。由于肉类需要在低温下从事加工，因此她们长期基本上在低温下工作，其中大部分人因此而导致月经紊乱、腰疼。为此，她们曾多次向厂领导提出在月经期调换劳动岗位的请求，都被厂领导以人员少，无法安排为由予以拒绝。她们请求厂领导执行《女职工安全与健康规定》，并给予其经济赔偿。仲裁机关受案后，经调查，牛某等人所诉情况属实。经调解，该厂同意在女职工月经期调换工作岗位，并给予牛某等人每人 300 元的赔偿。

这是一起用人单位违反对女职工安全与健康的规定，在女职工月经期间安排从事其禁忌的劳动产生的劳动争议。月经期保护是为保护女职工在月经期间的健康，而采取的安全与健康措施。月经是女性的一种正常的生理现象，它具有周期性。处于月经期的女性，自身正常免疫功能暂时受到损坏，因此她们很容易受到外界的不良影响。这种影响有的具有终身性。例如在低温冷水中工作，由于寒冷，可使内脏器官淤血，子宫因淤血而容易发生痛经；还有的女职工反应为月经量过多，经期延长等。因此，《女职工禁忌劳动范围的规定》第 4 条规定，女职工在月经期间禁止从事食品冷冻库内及冷水等低温作业。低温作业，是指工作地点平均气温等于或低于5℃的作业。冷水作业是指工作中接触冷水温度等于或低于 12℃的作业。本例中的肉类加工工作明显属于低温作业，属于女职工经期禁忌劳动范围，因此，仲裁调解中让该厂赔偿牛某等女职工每人 300 元是合理的。该厂同意对女职工月经期实施保护措施也是可行的。

**案例三：怀孕女职工调换工作岗位的规定**

李某是某乡镇企业的女职工，在化工车间工作。1997 年 5 月李某怀孕。她听人说，在化工车间干活对未来的孩子有不良影响，于是便要求企业领导给她调换工作。企业领导以劳动合同中没有约定女职工怀孕后必须调换工种为由予以拒绝。李某有权提出调换工作吗？孕期女职工不能从事哪些工作呢？

我国一贯重视对女职工的安全与健康。《宪法》第 49 条规定：

婚姻、家庭、母亲、儿童受国家的保护。在这一原则下,我国颁布有一系列法规对女职工进行安全与健康保护。《劳动法》第 61 条规定:“不得安排女职工在怀孕期间从事国家规定的第三级体力劳动强度的劳动和孕期禁忌从事的劳动。对怀孕 7 个月以上的女职工,不得安排其延长工作时间和夜班劳动。”

根据劳动都 1990 年 1 月 18 日颁发的《女职工禁忌劳动范围的规定》第 6 条规定,怀孕女职工禁忌从事的劳动范围有:(1)作业场所空气中铅及其化合物、汞及其化合物、苯、镉、敏、砷、氰化物、氮氧化物、一氧化碳、二硫化碳、氯、己内酰胺、氯丁二烯、氯乙烯、环氧乙烷、苯胺、甲醛等有毒物质浓度超出国家卫生标准的作业;(2)制药行业中从事抗癌药物及乙烯雌酚生产的作业;(3)作业场所放射性物质超过《放射防护规定》中规定剂量的作业;(4)人力进行的土方和石方作业;(5)《体力劳动强度分级》标准中第三级体力劳动强度的作业;(6)伴有全身强烈振动的作业,如风钻、捣固机、锻造等作业,以及拖拉机驾驶等;(7)工作中需要频繁弯腰、攀高、下蹲的作业,如焊接作业;(8)《高处作业分级》标准所规定的高处作业。劳动部《女职工劳动保护规定问题解答》对夜班等概念进行了解释。“夜班劳动”是指在当日 22 时至次日 6 时时间内从事劳动或工作。

另外,《女职工劳动保护规定》第 7 条规定,女职工在怀孕期间,不得在正常劳动日以外延长劳动时间;在劳动时间内应当安排一定的休息时间;怀孕的女职工,在劳动时间内进行产前检查,应当算做劳动时间。

李某可以根据上述规定,结合实际工种情况来判断可否请求调换工作。如果李某所从事的工作属于法律禁止怀孕女职工从事的劳动,就完全有权向企业提出调换工种。企业也应依法给予调换工种。

**案例四:怀孕 7 个月以上(含 7 个月)的女职工,一般不得安排其从事夜班劳动**

岳某是某国棉三厂纺纱车间女职工,已怀孕 7 个多月,便向厂里提出不能上夜班，要求调整工作。该厂以女职工较多，生产任务较重为由，没有为岳调整班次，继续让其上夜班。1995 年 3 月 17 日早 5 点，岳某下夜班回家，因为天还未大亮，被路上一块石头绊倒摔伤，造成早产住院。岳住院期间共花去医疗费 2700 余元，厂里虽然给予报销，但岳住院期间也花去其他费用 560 余元，厂里并未过问，而且岳住院时，厂里只发给病假工资。为此，岳某要求厂里给予经济赔偿。厂里以岳某是自己不小心摔伤为由，不予赔偿。岳不服，向当地劳动争议仲裁委员会提出中诉。仲裁委员会调查核实后裁决该厂赔偿岳某损失费 700 元。

我国法律对女职工实行安全与健康。《劳动法》第 61 条规定，对怀孕 7 个月以上的女职工，不得安排其延长工作时间和夜班劳动。国务院颁布的《女职工安全与健康规定》对此也作出了明确规定。女职工怀孕后，身体发生了一系列生理变化，特别是怀孕 7 个月以后，自身生理机能减弱，行动不便，负担加重。因此，劳动法律、法规规定不得安排其上夜班。但是，岳某所工作的国棉三厂没有执行《劳动法》的规定。当岳某向厂里提出调换班次要求时，厂里拒不执法，仍然让其从事夜班劳动。岳某下班途中摔伤固然是自己不小心，但由于其摔伤的客观原因是因为下夜班时天还未大亮，其怀孕 7 个月后又行动不便是显而易见的。可见岳的摔伤与该厂违反《劳动法》规定，安排其上夜班有直接关系，该厂有不可推卸的责任。正是由于该厂违法安排岳某上夜班，不仅造成岳某早产，而且住院期间经济上受到一定损失，其事实也是清楚的。该厂虽允许其报销了医疗费，但这并没有能完全弥补岳新娥的损失，理应依法承担赔偿责任。

**案例五：怀孕女职工违章从事有毒有害作业**

某铸造厂浸漆车间通风除尘设备失修，二甲苯弥漫，含量本已大大超过国家规定允许的卫生标准，严重影响职工身体健康。厂方不进行治理，采用高额津贴作引诱招收操作女职工。贺某就在不明真相的情况下与该厂签订了为期3年的劳动合同。

贺某到车间报到上班，发现无法正常生产工作。一进浸漆车间，刺鼻的二甲苯气味就扑面而来，宽大的厂房里堆满各种铸件，中央有个装满黑漆的大坑，二甲苯从这个毫无遮掩的大坑里挥发出来。贺某在这种恶劣的条件下工作2个月后，经常感到身体不适、头晕，脸色苍白。经医务部门检查确认其征候与其接触苯等有毒有害气体有关。贺屡次向车间领导提出要求安装新的通风设备，以排除有毒有害气体。厂里怕安装通风设备要停工，要花费大笔资金，就长期拖延，而且连防护面罩之类的防毒用具也不发放。这时，贺某已怀身孕，一闻到二甲苯就想呕吐，十分难受。无奈，只得向厂领导要求调换工作岗位，并给予津贴补偿。厂领导没有同意。于是，贺某就径自去仓库协助做辅助工。铸造厂认为，贺某的行为违反劳动合同，先是扣发其工资，后又把贺某作为违纪职工辞退。贺某不服，遂向当地劳动争议仲裁机构申诉，要求铸造厂撤销辞退决定，重新安排其工作。当地仲裁机关协同国家有关部门通过调查后确认，该铸造厂的浸漆车间生产环境中有害物质含量超过国家标准是实，且贺某已怀孕，有害物质严重威胁着女职工的身体健康也是违法的。经调解，争议双方达成协议，铸造厂撤销辞退决定，并将贺某调离与有毒有害物质直接接触的工作岗位，补发给贺工作期间应得的有毒有害岗位津贴。与此同时，有关部门责令铸造厂安装合格的通风设备，发放劳动防护用品，并对侵害女职工合法权益行为作出处罚。

本例属于一起违反女职工禁忌劳动范围规定，侵害女职工合法权益的典型案例。该铸造厂违反法律法规的规定，安排怀有身孕的女职工贺某在浸漆车间从事接触有毒物质的劳动，给贺某的身心健康带来严重的职业危害。职业危害是指在生产环境和劳动过程中直接产生对人体健康的危害。一般来说，只要在生产环境和劳动过程中存在着危害人体健康的因素，无论是男职工还是女职工都会受到职业危害的影响。而由于女性的身体结构及生理特点与男职工不同，在某些情况下所受的职业危害的影响比男职工大得多。目前，主要的职业危害有生产性毒物、振动性职业、过重的负重、低温冷水作业。本起争议属于生产性毒物对女职工造成严重危害的典型案例。

**案例六：女工哺乳期从事禁忌劳动**

某有色金属冶炼厂女职工王某一胎生下两个婴儿。休完产假后，被厂方安排到产前工作过的炼铅车间。王某同其他人一样三班倒，经常上夜班，有时还加班加点。她多次要求厂方安排其到劳动强度比较轻、不用上夜班的岗位工作，遭厂方拒绝。5个月之后，王某的两个婴儿同时患病，送进医院治疗，确诊为铅中毒，病因诊断为母乳中含铅量过高。两婴儿经医院治疗后，仍留下后遗症。同时，经检查，王某的身体健康也受到较大的损害。当地劳动安全监察机构根据有色金属冶炼厂一名职工的举报，及时派人进行了调查核实，并作出处理：(1)有色金属冶炼厂在两天之内调换王某的工作岗位，保证其不再从事国家规定的第三级体力劳动强度的劳动和哺乳期禁忌从事的劳动，不得安排其从事夜班劳动及延长工作时间的劳动。(2)厂方给王某及其婴儿的身体健康造成了损害，应承担赔偿责任。(3)工厂应尽快建立女职工哺乳室，妥善解决王某等女职工在哺乳、照顾婴儿等方面的困难。(4)工厂在一周之内采取措施，使炼铅车间的铅烟、铅尘等有害物质浓度降低到国家卫生标准允许范围之内。同时，还对该厂进行了经济处罚。

《劳动法》第六十三条规定："不得安排女职工在哺乳未满一周岁的婴儿期间从事国家规定的第三级体力劳动强度的劳动和哺乳期禁忌从事的其他劳动，不得安排其延长工作时间和夜班劳动。"这是关于女职工哺乳期安全与健康的规定。女职工在哺乳期间禁忌从事的劳动包括：作业场所空气中铅及其化合物、汞及其化合物等有毒有害物质浓度超过国家卫生标准的作业；(体力劳动强度分级)标准中第三级体力劳动强度的作业……女职工哺乳期禁止从事劳动的范围,主要是接触有毒有害物质的工作。作出此规定的目的,是为了保证哺乳期女职工有丰富的、质量好的乳汁喂养婴儿,以防乳汁含毒,损害婴儿健康。

**案例七:不得开除哺乳期女职工**

谢某是某织布厂的女职工,于1996年3月底生育。该厂规定,女职工的产假为50天,产假期间厂方不支付任何工资报酬。谢某在休完50天产假后,即返回织布厂上班。但是,谢发现她原来的岗位已被厂里安排了其他人,无奈,谢某上班后连续一个星期无事可做。此时,恰好她请的保姆有事请假回家,于是谢又回家照顾小孩,共用了20天。6月10日,某织布厂以谢某无效旷工为由,对谢作出了除名决定。其间,厂方未与工会商量过,工会事后得知后明确表示反对厂方所作出的除名决定,但未果。谢对除名决定不服,向当地劳动争议仲裁委员全提出申诉。仲裁委员全作出了撤销织布厂对谢的除名决定,并补发谢某产假期间的工资。

《劳动法》第62条规定,女职工生育享受不少于90天的产假。怀孕生育是女职工特有的生理现象,国家对女职工怀孕期、产期、哺乳期,都规定了一系列安全与健康政策和措施,包括禁忌从事的劳动、不得解除劳动合同、给予休息等。其中休产假90天,并享受工资照发的待遇,是一项重要内容。但是,国家对女职工保护的法律规定都是有一定条件的,只有符合规定条件,才能有享受有关待遇,受到保护的权利。不管是用人单位,还是劳动者个人,都应严格按照法律制度的规定办事,超出规定条件就超出了法定的保护范围。如果女职工怀孕7个月后身体不适,医务部门证明不宜继续坚持岗位劳动,但没有涉及早产的特殊原因,可按病假休息处理,享受病假工资待遇,而不能按提前产假对待,也不应享受休产前假的工资报酬。

# 附 录

## 附录1:中华人民共和国妇女权益保护法

1992年4月3日第七届全国人民代表大会第五次会议通过。

根据2005年8月28日第十届全国人民代表大会常务委员会第十七次会议《关于修改〈中华人民共和国妇女权益保障法〉的决定》修正。

### 第一章 总 则

**第一条** 为了保障妇女的合法权益,促进男女平等,充分发挥妇女在社会主义现代化建设中的作用,根据宪法和我国的实际情况,制定本法。

**第二条** 妇女在政治的、经济的、文化的、社会的和家庭的生活等各方面享有同男子平等的权利。

实行男女平等是国家的基本国策。国家采取必要措施,逐步完善保障妇女权益的各项制度,消除对妇女一切形式的歧视。

国家保护妇女依法享有的特殊权益。

禁止歧视、虐待、遗弃、残害妇女。

**第三条** 国务院制定中国妇女发展纲要，并将其纳入国民经济和社会发展规划。

县级以上地方各级人民政府根据中国妇女发展纲要，制定本行政区域的妇女发展规划，并将其纳入国民经济和社会发展计划。

**第四条** 保障妇女的合法权益是全社会的共同责任。国家机关、社会团体、企业事业单位、城乡基层群众性自治组织，应当依照本法和有关法律的规定，保障妇女的权益。

国家采取有效措施，为妇女依法行使权利提供必要的条件。

**第五条** 国家鼓励妇女自尊、自信、自立、自强，运用法律维护自身合法权益。

妇女应当遵守国家法律，尊重社会公德，履行法律所规定的义务。

**第六条** 各级人民政府应当重视和加强妇女权益的保障工作。

县级以上人民政府负责妇女儿童工作的机构，负责组织、协调、指导、督促有关部门做好妇女权益的保障工作。

县级以上人民政府有关部门在各自的职责范围内做好妇女权益的保障工作。

**第七条** 中华全国妇女联合会和地方各级妇女联合会依照法律和中华全国妇女联合会章程，代表和维护各族各界妇女的利益，做好维护妇女权益的工作。

工会、共产主义青年团，应当在各自的工作范围内，做好维护妇女权益的工作。

**第八条** 对保障妇女合法权益成绩显著的组织和个人，各级人民政府和有关部门给予表彰和奖励。

## 第二章　政治权利

**第九条** 国家保障妇女享有与男子平等的政治权利。

**第十条** 妇女有权通过各种途径和形式，管理国家事务，管理经济和文化事业，管理社会事务。

制定法律、法规、规章和公共政策，对涉及妇女权益的重大问题，应当听取妇女联合会的意见。

妇女和妇女组织有权向各级国家机关提出妇女权益保障方面的意见和建议。

**第十一条** 妇女享有与男子平等的选举权和被选举权。

全国人民代表大会和地方各级人民代表大会的代表中，应当有适当数量的妇女代表。国家采取措施，逐步提高全国人民代表大会和地方各级人民代表大会的妇女代表的比例。

居民委员会、村民委员会成员中，妇女应当有适当的名额。

**第十二条** 国家积极培养和选拔女干部。

国家机关、社会团体、企业事业单位培养、选拔和任用干部，必须坚持男女平等的原则，并有适当数量的妇女担任领导成员。

国家重视培养和选拔少数民族女干部。

**第十三条** 中华全国妇女联合会和地方各级妇女联合会代表妇女积极参与国家和社会事务的民主决策、民主管理和民主监督。

各级妇女联合会及其团体会员，可以向国家机关、社会团体、企业事业单位推荐女干部。

**第十四条** 对于有关保障妇女权益的批评或者合理建议，有关部门应当听取和采纳；对于有关侵害妇女权益的申诉、控告和检举，有关部门必须查清事实，负责处理，任何组织或者个人不得压制或者打击报复。

## 第三章 文化教育权益

**第十五条** 国家保障妇女享有与男子平等的文化教育权利。

**第十六条** 学校和有关部门应当执行国家有关规定，保障妇女在入学、升学、毕业分配、授予学位、派出留学等方面享有与男子平等的权利。

学校在录取学生时，除特殊专业外，不得以性别为由拒绝录取妇女或者提高对妇女的录取标准。

**第十七条**　学校应当根据妇女青少年的特点，在教育、管理、设施等方面采取措施，保障妇女青少年身心健康发展。

**第十八条**　父母或者其他监护人必须履行保障适龄妇女儿童少年接受义务教育的义务。

除因疾病或者其他特殊情况经当地人民政府批准的以外，对不送适龄妇女儿童少年入学的父母或者其他监护人，由当地人民政府予以批评教育，并采取有效措施，责令送适龄妇女儿童少年入学。

政府、社会、学校应当采取有效措施，解决适龄妇女儿童少年就学存在的实际困难，并创造条件，保证贫困、残疾和流动人口中的适龄妇女儿童少年完成义务教育。

**第十九条**　各级人民政府应当依照规定把扫除妇女中的文盲、半文盲工作，纳入扫盲和扫盲后继续教育规划，采取符合妇女特点的组织形式和工作方法，组织、监督有关部门具体实施。

**第二十条**　各级人民政府和有关部门应当采取措施，根据城镇和农村妇女的需要，组织妇女接受职业教育和实用技术培训。

**第二十一条**　国家机关、社会团体和企业事业单位应当执行国家有关规定，保障妇女从事科学、技术、文学、艺术和其他文化活动，享有与男子平等的权利。

## 第四章　劳动和社会保障权益

**第二十二条**　国家保障妇女享有与男子平等的劳动权利和社会保障权利。

**第二十三条**　各单位在录用职工时，除不适合妇女的工种或者岗位外，不得以性别为由拒绝录用妇女或者提高对妇女的录用标准。

各单位在录用女职工时，应当依法与其签订劳动（聘用）合同或者服务协议，劳动（聘用）合同或者服务协议中不得规定限制女职工结婚、生育的内容。

禁止录用未满十六周岁的妇女未成年人，国家另有规定的除外。

**第二十四条**　实行男女同工同酬。妇女在享受福利待遇方面享有与男子平等的权利。

**第二十五条**　在晋职、晋级、评定专业技术职务等方面，应当坚持男女平等的原则，不得歧视妇女。

**第二十六条**　任何单位均应根据妇女的特点，依法保护妇女在工作和劳动时的安全和健康，不得安排不适合妇女从事的工作和劳动。

妇女在经期、孕期、产期、哺乳期受特殊保护。

**第二十七条**　任何单位不得因结婚、怀孕、产假、哺乳等情形，降低女职工的工资，辞退女职工，单方解除劳动（聘用）合同或者服务协议。但是，女职工要求终止劳动（聘用）合同或者服务协议的除外。

各单位在执行国家退休制度时，不得以性别为由歧视妇女。

**第二十八条**　国家发展社会保险、社会救助、社会福利和医疗卫生事业，保障妇女享有社会保险、社会救助、社会福利和卫生保健等权益。

国家提倡和鼓励为帮助妇女开展的社会公益活动。

**第二十九条**　国家推行生育保险制度，建立健全与生育相关的其他保障制度。

地方各级人民政府和有关部门应当按照有关规定为贫困妇女提供必要的生育救助。

## 第五章　财产权益

**第三十条**　国家保障妇女享有与男子平等的财产权利。

**第三十一条**　在婚姻、家庭共有财产关系中，不得侵害妇女依法享有的权益。

**第三十二条**　妇女在农村土地承包经营、集体经济组织收益分配、土地征收或者征用补偿费使用以及宅基地使用等方面，享有与男子平等的权利。

**第三十三条** 任何组织和个人不得以妇女未婚、结婚、离婚、丧偶等为由，侵害妇女在农村集体经济组织中的各项权益。

因结婚男方到女方住所落户的，男方和子女享有与所在地农村集体经济组织成员平等的权益。

**第三十四条** 妇女享有的与男子平等的财产继承权受法律保护。在同一顺序法定继承人中，不得歧视妇女。

丧偶妇女有权处分继承的财产，任何人不得干涉。

**第三十五条** 丧偶妇女妇女对公、婆尽了主要赡养义务的，作为公、婆的第一顺序法定继承人，其继承权不受子女代位继承的影响。

## 第六章　人身权利

**第三十六条** 国家保障妇女享有与男子平等的人身权利。

**第三十七条** 妇女的人身自由不受侵犯。禁止非法拘禁和以其他非法手段剥夺或者限制妇女的人身自由；禁止非法搜查妇女的身体。

**第三十八条** 妇女的生命健康权不受侵犯。禁止溺、弃、残害女婴；禁止歧视、虐待生育女婴的妇女和不育的妇女；禁止用迷信、暴力等手段残害妇女；禁止虐待、遗弃病、残妇女和老年妇女。

**第三十九条** 禁止拐卖、绑架妇女；禁止收买被拐卖、绑架的妇女；禁止阻碍解救被拐卖、绑架的妇女。

各级人民政府和公安、民政、劳动和社会保障、卫生等部门按照其职责及时采取措施解救被拐卖、绑架的妇女，做好善后工作，妇女联合会协助和配合做好有关工作。任何人不得歧视被拐卖、绑架的妇女。

**第四十条** 禁止对妇女实施性骚扰。受害妇女有权向单位和有关机关投诉。

**第四十一条** 禁止卖淫、嫖娼。

禁止组织、强迫、引诱、容留、介绍妇女卖淫或者对妇女进行猥亵活动。

禁止组织、强迫、引诱妇女进行淫秽表演活动。

**第四十二条**　妇女的名誉权、荣誉权、隐私权、肖像权等人格权受法律保护。

禁止用侮辱、诽谤等方式损害妇女的人格尊严。禁止通过大众传播媒介或者其他方式贬低损害妇女人格。未经本人同意，不得以营利为目的，通过广告、商标、展览橱窗、报纸、期刊、图书、音像制品、电子出版物、网络等形式使用妇女肖像。

## 第七章　婚姻家庭权益

**第四十三条**　国家保障妇女享有与男子平等的婚姻家庭权利。

**第四十四条**　国家保护妇女的婚姻自主权。禁止干涉妇女的结婚、离婚自由。

**第四十五条**　女方在怀孕期间、分娩后一年内或者终止妊娠后六个月内，男方不得提出离婚。女方提出离婚的，或者人民法院认为确有必要受理男方离婚请求的，不在此限。

**第四十六条**　禁止对妇女实施家庭暴力。

国家采取措施，预防和制止家庭暴力。

公安、民政、司法行政等部门以及城乡基层群众性自治组织、社会团体，应当在各自的职责范围内预防和制止家庭暴力，依法为受害妇女提供救助。

**第四十七条**　妇女对依照法律规定的夫妻共同财产享有与其配偶平等的占有、使用、收益和处分的权利，不受双方收入状况的影响。

夫妻书面约定婚姻关系存续期间所得的财产归各自所有，女方因抚育子女、照料老人、协助男方工作等承担较多义务的，有权在离婚时要求男方予以补偿。

**第四十八条**　夫妻共有的房屋，离婚时，分割住房由双方协议解决；协议不成的，由人民法院根据双方的具体情况，按照照顾子女和女方权益的原则判决。夫妻双方另有约定的除外。

夫妻共同租用的房屋，离婚时，女方的住房应当按照照顾子女和女方权益的原则解决。

**第四十九条** 父母双方对未成年子女享有平等的监护权。父亲死亡、丧失行为能力或者有其他情形不能担任未成年子女的监护人的，母亲的监护权任何人不得干涉。

**第五十条** 离婚时，女方因实施绝育手术或者其他原因丧失生育能力的，处理子女抚养问题，应在有利子女权益的条件下，照顾女方的合理要求。

**第五十一条** 妇女有按照国家有关规定生育子女的权利，也有不生育的自由。

育龄夫妻双方按照国家有关规定计划生育，有关部门应当提供安全、有效的避孕药具和技术，保障实施节育手术的妇女的健康和安全。

国家实行婚前保健、孕产期保健制度，发展母婴保健事业。各级人民政府应当采取措施，保障妇女享有计划生育技术服务，提高妇女的生殖健康水平。

## 第八章 法律责任

**第五十二条** 妇女的合法权益受到侵害的，有权要求有关部门依法处理，或者依法向仲裁机构申请仲裁，或者向人民法院起诉。

对有经济困难需要法律援助或者司法救助的妇女，当地法律援助机构或者人民法院应当给予帮助，依法为其提供法律援助或者司法救助。

**第五十三条** 妇女的合法权益受到侵害的，可以向妇女组织投诉，妇女组织应当维护被侵害妇女的合法权益，有权要求并协助有关部门或者单位查处。有关部门或者单位应当依法查处，并予以答复。

**第五十四条** 妇女组织对于受害妇女进行诉讼需要帮助的，应当给予支持。

妇女联合会或者相关妇女组织对侵害特定妇女群体利益的行为，可以通过大众传播媒介揭露、批评，并有权要求有关部门依法查处。

**第五十五条** 违反本法规定，以妇女未婚、结婚、离婚、丧偶等为由，侵害妇女在农村集体经济组织中的各项权益的，或者因结婚男方到女方住所落户，侵害男方和子女享有与所在地农村集体经济组织成员平等权益的，由乡镇人民政府依法调解；受害人也可以依法向农村土地承包仲裁机构申请仲裁，或者向人民法院起诉，人民法院应当依法受理。

**第五十六条** 违反本法规定，侵害妇女的合法权益，其他法律、法规规定行政处罚的，从其规定；造成财产损失或者其他损害的，依法承担民事责任；构成犯罪的，依法追究刑事责任。

**第五十七条** 违反本法规定，对侵害妇女权益的申诉、控告、检举，推诿、拖延、压制不予查处，或者对提出申诉、控告、检举的人进行打击报复的，由其所在单位、主管部门或者上级机关责令改正，并依法对直接负责的主管人员和其他直接责任人员给予行政处分。

国家机关及其工作人员未依法履行职责，对侵害妇女权益的行为未及时制止或者未给予受害妇女必要帮助，造成严重后果的，由其所在单位或者上级机关依法对直接负责的主管人员和其他直接责任人员给予行政处分。

违反本法规定，侵害妇女文化教育权益、劳动和社会保障权益、人身和财产权益以及婚姻家庭权益的，由其所在单位、主管部门或者上级机关责令改正，直接负责的主管人员和其他直接责任人员属于国家工作人员的，由其所在单位或者上级机关依法给予行政处分。

**第五十八条** 违反本法规定，对妇女实施性骚扰或者家庭暴力，构成违反治安管理行为的，受害人可以提请公安机关对违法行为人依法给予行政处罚，也可以依法向人民法院提起民事诉讼。

**第五十九条** 违反本法规定，通过大众传播媒介或者其他方式贬低损害妇女人格的，由文化、广播电影电视、新闻出版或者其他有关部门依据各自的职权责令改正，并依法给予行政处罚。

## 第九章 附 则

**第六十条** 省、自治区、直辖市人民代表大会常务委员会可以根据本法制定实施办法。

民族自治地方的人民代表大会，可以依据本法规定的原则，结合当地民族妇女的具体情况，制定变通的或者补充的规定。自治区的规定，报全国人民代表大会常务委员会批准后生效；自治州、自治县的规定，报省、自治区、直辖市人民代表大会常务委员会批准后生效，并报全国人民代表大会常务委员会备案。

**第六十一条** 本法自 1992 年 10 月 1 日起施行。

# 附录2:女职工劳动保护规定

中华人民共和国国务院令第9号

《女职工劳动保护规定》已经1988年6月28日国务院第十一次常务会议通过,现予发布,自1988年9月1日起施行。

总理　李鹏

一九八八年七月二十一日

**第一条**　为维护女职工的合法权益,减少和解决女职工在劳动和工作(以下统称劳动)中因生理特点造成的特殊困难,保护其健康,以利于社会主义现代化建设,制定本规定。

**第二条**　本规定适用于中华人民共和国境内一切国家机关、人民团体、企业、事业单位(以下统称单位)的女职工。

**第三条**　凡适合妇女从事劳动的单位,不得拒绝招收女职工。

**第四条**　不得在女职工怀孕期、产期、哺乳期降低其基本工资,或者解除劳动合同。

**第五条**　禁止安排女职工从事矿山井下、国家规定的第四级体力劳动强度的劳动和其他女职工禁忌从事的劳动。

**第六条**　女职工在月经期间,所在单位不得安排其从事高空、低温、冷水和国家规定的第三级体力劳动强度的劳动。

**第七条**　女职工在怀孕期间,所在单位不得安排其从事国家规定的第三级体力劳动强度的劳动和孕期禁忌从事的劳动,不得在正常劳动日以外延长劳动时间;对不能胜任原劳动的,应当根据医务部门的证明,予以减轻劳动量或者安排其他劳动。

怀孕七个月以上(含七个月)的女职工,一般不得安排其从事夜班劳动;在劳动时间内应当安排一定的休息时间。

怀孕的女职工,在劳动时间内进行产前检查,应当算作劳动时间。

**第八条** 女职工产假为九十天，其中产前休假十五天。难产的，增加产假十五天。多胞胎生育的，每多生育一个婴儿，增加产假十五天。

女职工怀孕流产的，其所在单位应当根据医务部门的证明，给予一定时间的产假。

**第九条** 有不满一周岁婴儿的女职工，其所在单位应当在每班劳动时间内给予其两次哺乳（含人工喂养）时间，每次三十分钟。多胞胎生育的，每多哺乳一个婴儿，每次哺乳时间增加三十分钟。女职工每班劳动时间内的两次哺乳时间，可以合并使用。哺乳时间和在本单位内哺乳往返途中的时间，算作劳动时间。

**第十条** 女职工在哺乳期内，所在单位不得安排其从事国家规定的第三级体力劳动强度和哺乳期禁忌从事的劳动，不得延长其劳动时间，一般不得安排其从事夜班劳动。

**第十一条** 女职工比较多的单位应当按照国家有关规定，以自办或者联办的形式，逐步建立女职工卫生室、孕妇休息室、哺乳室、托儿所、幼儿园等设施，并妥善解决女职工在生理卫生、哺乳、照料婴儿方面的困难。

**第十二条** 女职工安全与健康的权益受到侵害时，有权向所在单位的主管部门或者当地劳动部门提出申诉。受理申诉的部门应当自收到申诉书之日起三十日内作出处理决定；女职工对处理决定不服的，可以在收到处理决定书之日起十五日内向人民法院起诉。

**第十三条** 对违反本规定侵害女职工安全与健康权益的单位负责人及其直接责任人员，其所在单位的主管部门，应当根据情节轻重，给予行政处分，并责令该单位给予被侵害女职工合理的经济补偿；构成犯罪的，由司法机关依法追究刑事责任。

**第十四条** 各级劳动部门负责对本规定的执行进行检查。

各级卫生部门和工会、妇联组织有权对本规定的执行进行监督。

**第十五条** 女职工违反国家有关计划生育规定的，其安全与健康应当按照国家有关计划生育规定办理，不适用本规定。

**第十六条** 女职工因生理特点禁忌从事劳动的范围由劳动部规定。

**第十七条** 省、自治区、直辖市人民政府可以根据本规定，制定具体办法。

**第十八条** 本规定由劳动部负责解释。

**第十九条** 本规定自 1988 年 9 月 1 日起施行。1953 年 1 月 2 日政务院修正发布的《中华人民共和国劳动保险条例》中有关女工人、女职员生育待遇的规定和 1955 年 4 月 26 日《国务院关于女工作人员生产假期的通知》同时废止。

# 附录3:女职工保健工作规定

卫生部　劳动部　人事部　全国总工会　全国妇联
关于颁发《女职工保健工作规定》的通知
(卫妇发[1993]第11号)

现将根据卫生部、劳动部、人事部、全国总工会、全国妇联1986年联合发布的《女职工保健工作暂行规定(试行草案)》〈86〉卫妇字第7号文修改而成的《女职工保健工作规定》发给你们,望认真贯彻执行,《女职工保健工作暂行规定(试行草案)》同时废止。

1993年11月26日

## 女职工保健工作规定

### 第一章　总　则

**第一条**　为保护女职工的身心健康及其子女的健康发育和成长,提高民族素质,根据《中华人民共和国妇女权益保障法》和《女职工安全与健康规定》,特制定本规定。

**第二条**　女职工保健工作必须贯彻预防为主的方针,注意妇女生理和职业特点,认真执行国家有关保护女职工的各项政策和法规。

**第三条**　本规定适用于中华人民共和国境内的一切党政机关、人民团体和企业、事业单位。

### 第二章　组织措施

**第四条**　本规定由各单位分管女职工保健工作的行政领导负责组织本单位医疗卫生、劳动、人事部门和工会、妇联组织及有关人员共同实施。

**第五条**　县(含城市区)以上的各级妇幼保健机构,负责对管辖范围内的各单位实施本规定进行业务指导。

**第六条** 各单位的医疗卫生部门应负责本单位女职工保健工作。女职工人数在1000人以下的厂矿应设兼职妇女保健人员；女职工人数在1000人以上的厂矿，在职工医院的妇产科或妇幼保健站中应有专人负责女职工保健工作。

## 第三章 保健措施

**第七条** 月经期保健

1. 宣传普及月经期卫生知识。

2. 女职工在100人以上的单位，应逐步建立女职工卫生室，健全相应的制度并设专人管理，对卫生室管理人员应进行专业培训。女职工每班在100人以下的单位，应设置简易的温水箱及冲洗器。对流动、分散工作单位的女职工应发放单人自用冲洗器。

3. 女职工在月经期间不得从事《女职工禁忌劳动范围的规定》中第四条所规定的作业。

4. 患有重度痛经及月经过多的女职工，经医疗或妇幼保健机构确诊后，月经期间可适当给予1至2天的休假。

**第八条** 婚前保健

对欲婚女职工必须进行婚前卫生知识的宣传教育及咨询，并进行婚前健康检查及指导。

**第九条** 孕前保健

1. 已婚待孕女职工禁忌从事铅、汞、苯、镉等作业场所属于《有毒作业分级》标准中第Ⅲ－Ⅳ级的作业。

2. 积极开展优生宣传和咨询。

3. 对女职工应进行妊娠知识的健康教育，使她们在月经超期时主动接受检查。

4. 患有射线病、慢性职业中毒、近期内有过急性中毒史及其他有碍于母体和胎儿健康疾病者，暂时不宜妊娠。

5. 对有过两次以上自然流产史，现又无子女的女职工，应暂时调离有可能直接或间接导致流产的作业岗位。

第十条　孕期保健

1. 自确立妊娠之日起，应建立孕产妇保健卡（册），进行血压、体重、血、尿常规等基础检查。对接触铅、汞的孕妇，应进行尿中铅、汞含量的测定。

2. 定期进行产前检查、孕期保健和营养指导。

3. 推广孕妇家庭自我监护，系统观察胎动、胎心、宫底高度及体重等。

4. 实行高危孕妇专案管理，无诊疗条件的单位应及时转院就诊，并配合上级医疗和保健机构严密观察和监护。

5. 女职工较多的单位应建立孕妇休息室。妊娠满 7 个月应给予工间休息或适当减轻工作。

6. 妊娠女职工不应加班加点，妊娠 7 个月以上（含 7 个月）一般不得上夜班。

7. 女职工妊娠期间不得从事劳动部颁布的《女职工禁忌劳动范围的规定》第六条所规定的作业。

8. 从事立位作业的女职工，妊娠满 7 个月后，其工作场所应设立工间休息座位。

9. 有关女职工产前、产后、流产的假期及待遇按 1988 年国务院颁发的《女职工安全与健康规定》（国务院令第 9 号）和 1988 年劳动部《关于女职工生育待遇若干问题的通知》（劳险字〈1988〉2 号）执行。

第十一条　产后保健

1. 进行产后访视及母乳喂养指导。

2. 产后 42 天对母子进行健康检查。

3. 产假期满恢复工作时，应允许有 1 至 2 周时间逐渐恢复原工作量。

第十二条　哺乳期保健

1. 宣传科学育儿知识，提倡 4 个月内纯母乳喂养。

2. 对有未满 1 周岁婴儿的女工，应保证其授乳时间。

3. 婴儿满周岁时，经县（区）以上（含县、区）医疗或保健机构确诊为体弱儿，可适当延长授乳时间，但不得超过6个月。

4. 有未满1周岁婴儿的女职工，一般不得安排上夜班及加班、加点。

5. 有哺乳婴儿5名以上的单位，应逐步建立哺乳室。

6. 不得安排哺乳女职工从事《女职工安全与健康规定》和《女职工禁忌劳动范围的规定》所指出的作业。

**条十三条**　更年期保健

1. 宣传更年期生理卫生知识，使进入更年期的女职工得到社会广泛的关怀。

2. 经县(区)以上(含县、区)的医疗或妇幼保健机构诊断为更年期综合征者，经治疗效果仍不显著，且不适应原工作的，应暂时安排适宜的工作。

3. 进入更年期的女职工应每1至2年进行一次妇科疾病的查治。

**第十四条**　对女职工定期进行妇科疾病及乳腺疾病的查治。

**第十五条**　女职工浴室要淋浴化。厕所要求蹲位。

**第十六条**　建立健全女职工保健工作统计制度。

## 第四章　监督管理

**第十七条**　各级卫生行政部门会同同级劳动、人事部门，工会及妇联组织对本规定的实施情况进行监督。

**第十八条**　凡违反本规定第七条第3款第(1)、(2)、(3)项、第十条第7、9款、第十二条第2、6款的单位负责人或直接责任者，可依据《女职工安全与健康规定》第十三条规定进行处理。

**第十九条**　凡违反本规定其他条款的单位或直接责任者，各级卫生行政部门可根据情节给予警告、通报批评、限期改进的处罚。

**第二十条**　女职工违反国家有关计划生育规定的，其女职工的保健应当按照国家有关计划生育规定办理。

## 第五章　附　则

**第二十一条**　本规定中所称企业，系指全民、城镇集体企业，中外合资、合作、独资企业，乡镇企业，农村联户企业、私人企业等。

**第二十二条**　女职工包括单位固定女职工、合同制女职工、临时女职工。

**第二十三条**　本规定由中华人民共和国卫生部负责解释。

**第二十四条**　本规定由颁发之日起实施。

# 附录4：女职工禁忌劳动范围的规定

劳动部

劳安字[1990]2号

各省、自治区、直辖市及计划单列市劳动厅、局（劳动人事厅），国务院各有关部门：

现将《女职工禁忌劳动范围的规定》发给你们，请认真贯彻执行，并将执行中出现的问题及时告诉我部职业安全健康监察局。

1990年01月18日

## 女职工禁忌劳动范围的规定

**第一条** 根据《女职工安全与健康规定》第十六条的要求，为保护女职工身心健康及其子女的正常发育和成长，特制定本规定。

**第二条** 本规定适用范围同《女职工安全与健康规定》。

**第三条** 女职工禁忌从事的劳动范围：

1. 矿山井下作业；

2. 森林业伐木、归楞及流放作业；

3.《体力劳动强度分级》标准中第Ⅳ级体力劳动强度的作业；

4. 建筑业脚手架的组装和拆除作业，以及电力、电信行业的高处架线作业；

5. 连续负重（指每小时负重次数在六次以上）每次负重超过二十公斤，间断负重超过二十五公斤的作业。

**第四条** 女职工在月经期间禁忌从事的劳动范围：

1. 食品冷冻库及冷水等低温作业；

2.《体力劳动强度分级》标准中第Ⅲ级体力劳动强度的作业；

3.《高处作业分级》标准中第Ⅱ级（含Ⅱ级）体力劳动强度的作业。

**第五条** 已婚待孕女职工禁忌从事的劳动范围：

铅、汞、苯、镉等作业场所属于《有毒作业分级》标准中第Ⅲ、Ⅳ级的作业。

**第六条** 怀孕女职工禁忌从事的劳动范围：

1. 作业场所空气中铅及其化合物、汞及其化合物、苯、镉、铍、砷、氰化物、氮氧化物、一氧化碳、二硫化碳、氯、己内酰胺、氯丁二烯、氯乙烯、环氧乙烷、苯胺、甲醛等有毒物质浓度超过国家卫生标准的作业；

2. 制药行业中从事抗癌药物及乙烯雌酚生产的作业；

3. 作业场所放射性物质超过《放射防护规定》中规定剂量的作业；

4. 人力进行的土方和石方作业；

5.《体力劳动强度分级》标准中第Ⅲ级体力劳动强度的作业；

6. 伴有全身强烈震动的作业，如风钻、捣固机、锻造等作业，以及拖拉机驾驶等；

7. 工作中需要频繁弯腰、攀高、下蹲的作业，如焊接作业；

8.《高处作业分级》标准所规定的高处作业。

**第七条** 乳母禁忌从事的劳动范围：

1. 第六条中第1、5项的作业；

2. 作业场所空气中锰、氟、溴、甲醇、有机磷化合物、有机氯化合物的浓度超过国家卫生标准的作业。

**第八条** 本规定由劳动部负责解释。

**第九条** 本规定自颁发之日起实施。

# 附录5:企业职工生育保险试行办法

(劳部发[1994]504号)

**第一条** 为了维护企业女职工的合法权益,保障她们在生育期间得到必要的经济补偿和医疗保健,均衡企业间生育保险费用的负担,根据有关法律、法规的规定,制定本办法。

**第二条** 本办法适用于城镇企业及其职工。

**第三条** 生育保险按属地原则组织。生育保险费用实行社会统筹。

**第四条** 生育保险根据“以支定收,收支基本平衡”的原则筹集资金,由企业按照其工资总额的一定比例向社会保险经办机构缴纳生育保险费,建立生育保险基金。生育保险费的提取比例由当地人民政府根据计划内生育人数和生育津贴、生育医疗费等项费用确定,并可根据费用支出情况适时调整,但最高不得超过工资总额的百分之一。企业缴纳的生育保险费作为期间费用处理,列入企业管理费用。

职工个人不缴纳生育保险费。

**第五条** 女职工生育按照法律、法规的规定享受产假。产假期间的生育津贴按照本企业上年度职工月平均工资计发,由生育保险基金支付。

**第六条** 女职工生育的检查费、接生费、手术费、住院费和药费由生育保险基金支付。超出规定的医疗服务费和药费(含自费药品和营养药品的药费)由职工个人负担。

女职工生育出院后,因生育引起疾病的医疗费,由生育保险基金支付;其他疾病的医疗费,按照医疗保险待遇的规定办理。女职工产假期满后,因病需要休息治疗的,按照有关病假待遇和医疗保险待遇规定办理。

**第七条** 女职工生育或流产后,由本人或所在企业持当地计划生育部门签发的计划生育证明,婴儿出生、死亡或流产证明,到当地社会保险经办机构办理手续，领取生育津贴和报销生育医疗费。

**第八条** 生育保险基金由劳动部门所属的社会保险经办机构负责收缴、支付和管理。

生育保险基金应存入社会保险经办机构在银行开设的生育保险基金专户。银行应按照城乡居民个人储蓄同期存款利率计息，所得利息转入生育保险基金。

**第九条** 社会保险经办机构可从生育保险基金中提取管理费，用于本机构经办生育保险工作所需的人员经费、办公费及其他业务经费。管理费标准，各地根据社会保险经办机构人员设置情况，由劳动部门提出，经财政部门核定后，报当地人民政府批准。管理费提取比例最高不得超过生育保险基金的百分之二。

生育保险基金及管理费不征税、费。

**第十条** 生育保险基金的筹集和使用，实行财务预、决算制度，由社会保险经办机构作出年度报告，并接受同级财政、审计监督。

**第十一条** 市（县）社会保险监督机构定期监督生育保险基金管理工作。

**第十二条** 企业必须按期缴纳生育保险费。对逾期不缴纳的，按日加收千分之二的滞纳金。滞纳金转入生育保险基金。滞纳金计入营业外支出，纳税时进行调整。

**第十三条** 企业虚报、冒领生育津贴或生育医疗费的，社会保险经办机构应追回全部虚报、冒领金额，并由劳动行政部门给予处罚。

企业欠付或拒付职工生育津贴、生育医疗费的，由劳动行政部门责令企业限期支付；对职工造成损害的，企业应承担赔偿责任。

**第十四条** 劳动行政部门或社会保险经办机构的工作人员滥用职权、玩忽职守、徇私舞弊，贪污、挪用生育保险基金，构成犯罪的，依法追究刑事责任；不构成犯罪的，给予行政处分。

**第十五条** 省、自治区、直辖市人民政府劳动行政部门可以按照本办法的规定，结合本地区实际情况制定实施办法。

**第十六条** 本办法自 1995 年 1 月 1 日起试行。

# 附录6:中华人民共和国劳动法

1994年7月5日第八届全国人民代表大会常务委员会第八次会议通过,1994年7月5日中华人民共和国主席令第二十八号公布,自1995年1月1日起施行。

## 第一章 总 则

**第一条** 为了保护劳动者的合法权益,调整劳动关系,建立和维护适应社会主义市场经济的劳动制度,促进经济发展和社会进步,根据宪法,制定本法。

**第二条** 在中华人民共和国境内的企业、个体经济组织(以下统称用人单位)和与之形成劳动关系的劳动者,适用本法。

国家机关、事业组织、社会团体和与之建立劳动合同关系的劳动者,依照本法执行。

**第三条** 劳动者享有平等就业和选择职业的权利、取得劳动报酬的权利、休息休假的权利、获得劳动安全卫生保护的权利、接受职业技能培训的权利、享受社会保险和福利的权利、提请劳动争议处理的权利以及法律规定的其他劳动权利。

劳动者应当完成劳动任务,提高职业技能,执行劳动安全卫生规程,遵守劳动纪律和职业道德。

**第四条** 用人单位应当依法建立和完善规章制度,保障劳动者享有劳动权利和履行劳动义务。

**第五条** 国家采取各种措施,促进劳动就业,发展职业教育,制定劳动标准,调节社会收入,完善社会保险,协调劳动关系,逐步提高劳动者的生活水平。

**第六条** 国家提倡劳动者参加社会义务劳动,开展劳动竞赛和合理化建议活动,鼓励和保护劳动者进行科学研究、技术革新和发明创造，表彰和奖励劳动模范和先进工作者。

**第七条** 劳动者有权依法参加和组织工会。

工会代表和维护劳动者的合法权益，依法独立自主地开展活动。

**第八条** 劳动者依照法律规定，通过职工大会、职工代表大会或者其他形式，参与民主管理或者就保护劳动者合法权益与用人单位进行平等协商。

**第九条** 国务院劳动行政部门主管全国劳动工作。

县级以上地方人民政府劳动行政部门主管本行政区域内的劳动工作。

## 第二章 促进就业

**第十条** 国家通过促进经济和社会发展，创造就业条件，扩大就业机会。

国家鼓励企业、事业组织、社会团体在法律、行政法规规定的范围内兴办产业或者拓展经营，增加就业。国家支持劳动者自愿组织起来就业和从事个体经营实现就业。

**第十一条** 地方各级人民政府应当采取措施，发展多种类型的职业介绍机构，提供就业服务。

**第十二条** 劳动者就业，不因民族、种族、性别、宗教信仰不同而受歧视。

**第十三条** 妇女享有与男子平等的就业权利。在录用职工时，除国家规定的不适合妇女的工种或者岗位外，不得以性别为由拒绝录用妇女或者提高对妇女的录用标准。

**第十四条** 残疾人、少数民族人员、退出现役的军人的就业，法律、法规有特别规定的，从其规定。

**第十五条** 禁止用人单位招用未满十六周岁的未成年人。

文艺、体育和特种工艺单位招用未满十六周岁的未成年人，必须依照国家有关规定，履行审批手续，并保障其接受义务教育的权利。

## 第三章　劳动合同和集体合同

**第十六条**　劳动合同是劳动者与用人单位确立劳动关系、明确双方权利和义务的协议。建立劳动关系应当订立劳动合同。

**第十七条**　订立和变更劳动合同，应当遵循平等自愿、协商一致的原则，不得违反法律、行政法规的规定。

劳动合同依法订立即具有法律约束力，当事人必须履行劳动合同规定的义务。

**第十八条**　下列劳动合同无效：

（一）违反法律、行政法规的劳动合同；

（二）采取欺诈、威胁等手段订立的劳动合同。

无效的劳动合同，从订立的时候起，就没有法律约束力。确认劳动合同部分无效的，如果不影响其余部分的效力，其余部分仍然有效。

劳动合同的无效，由劳动争议仲裁委员会或者人民法院确认。

**第十九条**　劳动合同应当以书面形式订立，并具备以下条款：

（一）劳动合同期限；

（二）工作内容；

（三）劳动保护和劳动条件；

（四）劳动报酬；

（五）劳动纪律；

（六）劳动合同终止的条件；

（七）违反劳动合同的责任。

劳动合同除前款规定的必备条款外，当事人可以协商约定其他内容。

**第二十条**　劳动合同的期限分为有固定期限、无固定期限和以完成一定的工作为期限。

劳动者在同一用人单位连续工作满十年以上，当事人双方同意延续劳动合同的，如果劳动者提出订立无固定期限的劳动合同，应当订立无固定期限的劳动合同。

**第二十一条** 劳动合同可以约定试用期。试用期最长不得超过六个月。

**第二十二条** 劳动合同当事人可以在劳动合同中约定保守用人单位商业秘密的有关事项。

**第二十三条** 劳动合同期满或者当事人约定的劳动合同终止条件出现,劳动合同即行终止。

**第二十四条** 经劳动合同当事人协商一致,劳动合同可以解除。

**第二十五条** 劳动者有下列情形之一的,用人单位可以解除劳动合同:

(一)在试用期间被证明不符合录用条件的;

(二)严重违反劳动纪律或者用人单位规章制度的;

(三)严重失职,营私舞弊,对用人单位利益造成重大损害的;

(四)被依法追究刑事责任的。

**第二十六条** 有下列情形之一的,用人单位可以解除劳动合同,但是应当提前三十日以书面形式通知劳动者本人:

(一)劳动者患病或者非因工负伤,医疗期满后,不能从事原工作也不能从事由用人单位另行安排的工作的;

(二)劳动者不能胜任工作,经过培训或者调整工作岗位,仍不能胜任工作的;

(三)劳动合同订立时所依据的客观情况发生重大变化,致使原劳动合同无法履行,经当事人协商不能就变更劳动合同达成协议的。

**第二十七条** 用人单位濒临破产进行法定整顿期间或者生产经营状况发生严重困难,确需裁减人员的,应当提前三十日向工会或者全体职工说明情况,听取工会或者职工的意见,经向劳动行政部门报告后,可以裁减人员。

用人单位依据本条规定裁减人员,在六个月内录用人员的,应当优先录用被裁减的人员。

**第二十八条** 用人单位依据本法第二十四条、第二十六条、第二十七条的规定解除劳动合同的，应当依照国家有关规定给予经济补偿。

**第二十九条**　劳动者有下列情形之一的，用人单位不得依据本法第二十六条、第二十七条的规定解除劳动合同：

（一）患职业病或者因工负伤并被确认丧失或者部分丧失劳动能力的；

（二）患病或者负伤，在规定的医疗期内的；

（三）女职工在孕期、产期、哺乳期内的；

（四）法律、行政法规规定的其他情形。

**第三十条**　用人单位解除劳动合同，工会认为不适当的，有权提出意见。如果用人单位违反法律、法规或者劳动合同，工会有权要求重新处理；劳动者申请仲裁或者提起诉讼的，工会应当依法给予支持和帮助。

**第三十一条**　劳动者解除劳动合同，应当提前三十日以书面形式通知用人单位。

**第三十二条**　有下列情形之一的，劳动者可以随时通知用人单位解除劳动合同：

（一）在试用期内的；

（二）用人单位以暴力、威胁或者非法限制人身自由的手段强迫劳动的；

（三）用人单位未按照劳动合同约定支付劳动报酬或者提供劳动条件的。

**第三十三条**　企业职工一方与企业可以就劳动报酬、工作时间、休息休假、劳动安全卫生、保险福利等事项，签订集体合同。集体合同草案应当提交职工代表大会或者全体职工讨论通过。

集体合同由工会代表职工与企业签订；没有建立工会的企业，由职工推举的代表与企业签订。

**第三十四条**　集体合同签订后应当报送劳动行政部门；劳动行政部门自收到集体合同文本之日起十五日内未提出异议的，集体合同即行生效。

**第三十五条** 依法签订的集体合同对企业和企业全体职工具有约束力。职工个人与企业订立的劳动合同中劳动条件和劳动报酬等标准不得低于集体合同的规定。

## 第四章 工作时间和休息休假

**第三十六条** 国家实行劳动者每日工作时间不超过八小时、平均每周工作时间不超过四十四小时的工时制度。

**第三十七条** 对实行计件工作的劳动者，用人单位应当根据本法第三十六条规定的工时制度合理确定其劳动定额和计件报酬标准。

**第三十八条** 用人单位应当保证劳动者每周至少休息一日。

**第三十九条** 企业因生产特点不能实行本法第三十六条、第三十八条规定的，经劳动行政部门批准，可以实行其他工作和休息办法。

**第四十条** 用人单位在下列节日期间应当依法安排劳动者休假：

(一)元旦；

(二)春节；

(三)国际劳动节；

(四)国庆节；

(五)法律、法规规定的其他休假节日。

**第四十一条** 用人单位由于生产经营需要，经与工会和劳动者协商后可以延长工作时间，一般每日不得超过一小时；因特殊原因需要延长工作时间的，在保障劳动者身体健康的条件下延长工作时间每日不得超过三小时，但是每月不得超过三十六小时。

**四十二条** 有下列情形之一的，延长工作时间不受本法第四十一条规定的限制：

(一)发生自然灾害、事故或者因其他原因，威胁劳动者生命健康和财产安全，需要紧急处理的；

（二）生产设备、交通运输线路、公共设施发生故障，影响生产和公众利益，必须及时抢修的；

（三）法律、行政法规规定的其他情形。

**第四十三条** 用人单位不得违反本法规定延长劳动者的工作时间。

**第四十四条** 有下列情形之一的，用人单位应当按照下列标准支付高于劳动者正常工作时间工资的工资报酬：

（一）安排劳动者延长工作时间的，支付不低于工资的百分之一百五十的工资报酬；

（二）休息日安排劳动者工作又不能安排补休的，支付不低于工资的百分之二百的工资报酬；

（三）法定休假日安排劳动者工作的，支付不低于工资的百分之三百的工资报酬。

**第四十五条** 国家实行带薪年休假制度。

劳动者连续工作一年以上的，享受带薪年休假。具体办法由国务院规定。

## 第五章 工 资

**第四十六条** 工资分配应当遵循按劳分配原则，实行同工同酬。工资水平在经济发展的基础上逐步提高。国家对工资总量实行宏观调控。

**第四十七条** 用人单位根据本单位的生产经营特点和经济效益，依法自主确定本单位的工资分配方式和工资水平。

**第四十八条** 国家实行最低工资保障制度。最低工资的具体标准由省、自治区、直辖市人民政府规定，报国务院备案。

用人单位支付劳动者的工资不得低于当地最低工资标准。

**第四十九条** 确定和调整最低工资标准应当综合参考下列因素：

（一）劳动者本人及平均赡养人口的最低生活费用；

(二)社会平均工资水平;

(三)劳动生产率;

(四)就业状况;

(五)地区之间经济发展水平的差异。

**第五十条** 工资应当以货币形式按月支付给劳动者本人。不得克扣或者无故拖欠劳动者的工资。

**第五十一条** 劳动者在法定休假日和婚丧假期间以及依法参加社会活动期间,用人单位应当依法支付工资。

## 第六章 劳动安全卫生

**第五十二条** 用人单位必须建立、健全劳动安全卫生制度,严格执行国家劳动安全卫生规程和标准,对劳动者进行劳动安全卫生教育,防止劳动过程中的事故,减少职业危害。

**第五十三条** 劳动安全卫生设施必须符合国家规定的标准。

新建、改建、扩建工程的劳动安全卫生设施必须与主体工程同时设计、同时施工、同时投入生产和使用。

**第五十四条** 用人单位必须为劳动者提供符合国家规定的劳动安全卫生条件和必要的劳动防护用品,对从事有职业危害作业的劳动者应当定期进行健康检查。

**第五十五条** 从事特种作业的劳动者必须经过专门培训并取得特种作业资格。

**第五十六条** 劳动者在劳动过程中必须严格遵守安全操作规程。

劳动者对用人单位管理人员违章指挥、强令冒险作业,有权拒绝执行;对危害生命安全和身体健康的行为,有权提出批评、检举和控告。

**第五十七条** 国家建立伤亡事故和职业病统计报告和处理制度。县级以上各级人民政府劳动行政部门、有关部门和用人单位应当依法对劳动者在劳动过程中发生的伤亡事故和劳动者的职业病状况,进行统计、报告和处理。

## 第七章　女职工和未成年工特殊保护

**第五十八条**　国家对女职工和未成年工实行特殊劳动保护。未成年工是指年满十六周岁未满十八周岁的劳动者。

**第五十九条**　禁止安排女职工从事矿山井下、国家规定的第四级体力劳动强度的劳动和其他禁忌从事的劳动。

**第六十条**　不得安排女职工在经期从事高处、低温、冷水作业和国家规定的第三级体力劳动强度的劳动。

**第六十一条**　不得安排女职工在怀孕期间从事国家规定的第三级体力劳动强度的劳动和孕期禁忌从事的活动。对怀孕七个月以上的女职工，不得安排其延长工作时间和夜班劳动。

**第六十二条**　女职工生育享受不少于九十天的产假。

**第六十三条**　不得安排女职工在哺乳未满一周岁的婴儿期间从事国家规定的第三级体力劳动强度的劳动和哺乳期禁忌从事的其他劳动，不得安排其延长工作时间和夜班劳动。

**第六十四条**　不得安排未成年工从事矿山井下、有毒有害、国家规定的第四级体力劳动强度的劳动和其他禁忌从事的劳动。

**第六十五条**　用人单位应当对未成年工定期进行健康检查。

## 第八章　职业培训

**第六十六条**　国家通过各种途径，采取各种措施，发展职业培训事业，开发劳动者的职业技能，提高劳动者素质，增强劳动者的就业能力和工作能力。

**第六十七条**　各级人民政府应当把发展职业培训纳入社会经济发展的规划，鼓励和支持有条件的企业、事业组织、社会团体和个人进行各种形式的职业培训。

**第六十八条**　用人单位应当建立职业培训制度，按照国家规定提取和使用职业培训经费，根据本单位实际，有计划地对劳动者进行职业培训。

从事技术工种的劳动者，上岗前必须经过培训。

**第六十九条** 国家确定职业分类，对规定的职业制定职业技能标准，实行职业资格证书制度，由经过政府批准的考核鉴定机构负责对劳动者实施职业技能考核鉴定。

## 第九章 社会保险和福利

**第七十条** 国家发展社会保险事业，建立社会保险制度，设立社会保险基金，使劳动者在年老、患病、工伤、失业、生育等情况下获得帮助和补偿。

**第七十一条** 社会保险水平应当与社会经济发展水平和社会承受能力相适应。

**第七十二条** 社会保险基金按照保险类型确定资金来源，逐步实行社会统筹。用人单位和劳动者必须依法参加社会保险，缴纳社会保险费。

**第七十三条** 劳动者在下列情形下，依法享受社会保险待遇：

（一）退休；

（二）患病、负伤；

（三）因工伤残或者患职业病；

（四）失业；

（五）生育。

劳动者死亡后，其遗属依法享受遗属津贴。

劳动者享受社会保险待遇的条件和标准由法律、法规规定。

劳动者享受的社会保险金必须按时足额支付。

**第七十四条** 社会保险基金经办机构依照法律规定收支、管理和运营社会保险基金，并负有使社会保险基金保值增值的责任。

社会保险基金监督机构依照法律规定，对社会保险基金的收支、管理和运营实施监督。

社会保险基金经办机构和社会保险基金监督机构的设立和职能由法律规定。

任何组织和个人不得挪用社会保险基金。

**第七十五条** 国家鼓励用人单位根据本单位实际情况为劳动者建立补充保险。

国家提倡劳动者个人进行储蓄性保险。

**第七十六条** 国家发展社会福利事业，兴建公共福利设施，为劳动者休息、休养和疗养提供条件。

用人单位应当创造条件，改善集体福利，提高劳动者的福利待遇。

## 第十章 劳动争议

**第七十七条** 用人单位与劳动者发生劳动争议，当事人可以依法申请调解、仲裁、提起诉讼，也可以协商解决。调解原则适用于仲裁和诉讼程序。

**第七十八条** 解决劳动争议，应当根据合法、公正、及时处理的原则，依法维护劳动争议当事人的合法权益。

**第七十九条** 劳动争议发生后，当事人可以向本单位劳动争议调解委员会申请调解；调解不成，当事人一方要求仲裁的，可以向劳动争议仲裁委员会申请仲裁。当事人一方也可以直接向劳动争议仲裁委员会申请仲裁。对仲裁裁决不服的，可以向人民法院提起诉讼。

**第八十条** 在用人单位内，可以设立劳动争议调解委员会。劳动争议调解委员会由职工代表、用人单位代表和工会代表组成。劳动争议调解委员会主任由工会代表担任。

劳动争议经调解达成协议的，当事人应当履行。

**第八十一条** 劳动争议仲裁委员会由劳动行政部门代表、同级工会代表、用人单位方面的代表组成。劳动争议仲裁委员会主任由劳动行政部门代表担任。

**第八十二条** 提出仲裁要求的一方应当自劳动争议发生之日起六十日内向劳动争议仲裁委员会提出书面申请。仲裁裁决一般应在收到仲裁申请的六十日内作出。对仲裁裁决无异议的，当事人必须履行。

**第八十三条** 劳动争议当事人对仲裁裁决不服的，可以自收到仲裁裁决书之日起十五日内向人民法院提起诉讼。一方当事人在法定期限内不起诉又不履行仲裁裁决的，另一方当事人可以申请人民法院强制执行。

**第八十四条** 因签订集体合同发生争议，当事人协商解决不成的，当地人民政府劳动行政部门可以组织有关各方协调处理。

因履行集体合同发生争议，当事人协商解决不成的，可以向劳动争议仲裁委员会申请仲裁；对仲裁裁决不服的，可以自收到仲裁裁决书之日起 15 日内向人民法院提出诉讼。

## 第十一章　监督检查

**第八十五条** 县级以上各级人民政府劳动行政部门依法对用人单位遵守劳动法律、法规的情况进行监督检查，对违反劳动法律、法规的行为有权制止，并责令改正。

**第八十六条** 县级以上各级人民政府劳动行政部门监督检查人员执行公务，有权进入用人单位了解执行劳动法律、法规的情况，查阅必要的资料，并对劳动场所进行检查。

县级以上各级人民政府劳动行政部门监督检查人员执行公务，必须出示证件，秉公执法并遵守有关规定。

**第八十七条** 县级以上各级人民政府有关部门在各自职责范围内，对用人单位遵守劳动法律、法规的情况进行监督。

**第八十八条** 各级工会依法维护劳动者的合法权益，对用人单位遵守劳动法律、法规的情况进行监督。

任何组织和个人对于违反劳动法律、法规的行为有权检举和控告。

## 第十二章　法律责任

**第八十九条** 用人单位制定的劳动规章制度违反法律、法规规定的，由劳动行政部门给予警告，责令改正；对劳动者造成损害的，应当承担赔偿责任。

**第九十条** 用人单位违反本法规定，延长劳动者工作时间的，由劳动行政部门给予警告，责令改正，并可以处以罚款。

**第九十一条** 用人单位有下列侵害劳动者合法权益情形之一的，由劳动行政部门责令支付劳动者的工资报酬、经济补偿，并可以责令支付赔偿金：

（一）克扣或者无故拖欠劳动者工资的；

（二）拒不支付劳动者延长工作时间工资报酬的；

（三）低于当地最低工资标准支付劳动者工资的；

（四）解除劳动合同后，未依照本法规定给予劳动者经济补偿的。

**第九十二条** 用人单位的劳动安全设施和劳动卫生条件不符合国家规定或者未向劳动者提供必要的劳动防护用品和劳动保护设施的，由劳动行政部门或者有关部门责令改正，可以处以罚款；情节严重的，提请县级以上人民政府决定责令停产整顿；对事故隐患不采取措施，致使发生重大事故，造成劳动者生命和财产损失的，对责任人员比照刑法第一百八十七条的规定追究刑事责任。

**第九十三条** 用人单位强令劳动者违章冒险作业，发生重大伤亡事故，造成严重后果的，对责任人员依法追究刑事责任。

**第九十四条** 用人单位非法招用未满十六周岁的未成年人的，由劳动行政部门责令改正，处以罚款；情节严重的，由工商行政管理部门吊销营业执照。

**第九十五条** 用人单位违反本法对女职工和未成年工的保护规定，侵害其合法权益的，由劳动行政部门责令改正，处以罚款；对女职工或者未成年工造成损害的，应当承担赔偿责任。

**第九十六条** 用人单位有下列行为之一，由公安机关对责任人员处以十五日以下拘留、罚款或者警告；构成犯罪的，对责任人员依法追究刑事责任：

（一）以暴力、威胁或者非法限制人身自由的手段强迫劳动的；

（二）侮辱、体罚、殴打、非法搜查和拘禁劳动者的。

**第九十七条** 由于用人单位的原因订立的无效合同，对劳动者造成损害的，应当承担赔偿责任。

**第九十八条** 用人单位违反本法规定的条件解除劳动合同或者故意拖延不订立劳动合同的，由劳动行政部门责令改正；对劳动者造成损害的，应当承担赔偿责任。

**第九十九条** 用人单位招用尚未解除劳动合同的劳动者，对原用人单位造成经济损失的，该用人单位应当依法承担连带赔偿责任。

**第一百条** 用人单位无故不缴纳社会保险费的，由劳动行政部门责令其限期缴纳；逾期不缴的，可以加收滞纳金。

**第一百零一条** 用人单位无理阻挠劳动行政部门、有关部门及其工作人员行使监督检查权，打击报复举报人员的，由劳动行政部门或者有关部门处以罚款；构成犯罪的，对责任人员依法追究刑事责任。

**第一百零二条** 劳动者违反本法规定的条件解除劳动合同或者违反劳动合同中约定的保密事项，对用人单位造成经济损失的，应当依法承担赔偿责任。

**第一百零三条** 劳动行政部门或者有关部门的工作人员滥用职权、玩忽职守、徇私舞弊，构成犯罪的，依法追究刑事责任；不构成犯罪的，给予行政处分。

**第一百零四条** 国家工作人员和社会保险基金经办机构的工作人员挪用社会保险基金，构成犯罪的，依法追究刑事责任。

**第一百零五条** 违反本法规定侵害劳动者合法权益，其他法律、行政法规已规定处罚的，依照该法律、行政法规的规定处罚。

## 第十三章　附　则

**第一百零六条** 省、自治区、直辖市人民政府根据本法和本地区的实际情况，规定劳动合同制度的实施步骤，报国务院备案。

**第一百零七条** 本法自 1995 年 1 月 1 日起施行。

# 附录7:交通女职工劳动保护实施办法

**第一条**　为了切实搞好女职工劳动保护,根据国务院颁布的《女职工劳动保护规定》,结合交通系统实际情况,制定本办法。

**第二条**　本办法适用于交通系统各企业、行政、事业单位的女职工。

**第三条**　各单位必须严格执行国家有关女职工劳动保护的法规和交通部的有关规定,并确定负责女职工劳动保护的工作机构或专兼职人员,加强管理和监督。

**第四条**　凡适合妇女从事劳动(国家规定的不适合妇女的工种或者岗位除外)的单位,不得以性别为由拒绝录用女职工,或者提高录用标准。

**第五条**　在女职工怀孕期、产期、哺乳期工资按国家规定发放,不得影响工资调整及有关福利待遇,不得因此停薪或提前解除劳动合同(如合同期已满,必须延续到孕期、产假和哺乳期满),不得以女职工上述生理特点为由,将其转为待聘、编余人员或辞退。

**第六条**　禁止安排女职工从事国家规定的第四级体力劳动强度的劳动以及其他女职工禁忌从事的劳动。

**第七条**　月经期保健

(一)宣传普及月经卫生知识。

(二)在同一工作场所、女职工在100人以上有条件的单位,应逐步建立女职工卫生室,健全相应的制度。女职工在100人以下的有条件的单位,应逐步设置简易的温水箱、消毒箱及冲洗器。暂时不具备条件的单位,要积极创造条件,建立女职工卫生室或采取相应的措施。对流动、分散、野外工作的女职工应发放单人自用冲洗器。

(三)从事下列劳动的女职工,在月经期内暂时调整工作或给予

1至2天的休假,并按出勤计算;

1. 国家规定的第三级体力劳动强度的劳动;

2.《高处作业级》标准中第二级(含二级)以上的作业;

3. 食品冷冻库及冷水、低温(低于五摄氏度)等作业;

4. 野外流动作业、长久站立、行走、蹲位作业。

(四)患有重度痛经及月经量过多者经合同医院或妇幼保健机构确诊证明,月经期间可适当给予1至2天的休假。

(五)女职工月经卫生费每月不低于4元钱。

**第八条　孕期保健**

(一)对已孕女职工建立孕产妇系统保健卡,建卡率要求达95%以上,怀孕3个月开始填写保健卡,按卫生部门的要求定期进行产前检查,检查率要求达90%以上。对高危孕妇,所在单位应配合医院严密观察和监护,使高危孕妇管理率达到100%。

(二)对妊娠的女职工,所在单位不得安排其从事国家规定的第三级体力劳动强度的劳动和孕妇禁忌从事的劳动,不得在正常劳动日以外延长劳动时间;对不能适应原劳动的,应根据合同医院证明,予以减轻劳动量或安排其他劳动。从事野外勘测工作及施工作业、公路养护、高等级公路收费、汽车司乘、港口装卸作业、轮船餐服、施工班组工作的女职工怀孕满5个月,应安排其他适当工作。

(三)女职工较多的单位应建立孕妇休息室。对妊娠满7个月以上(含7个月)的女职工,应在劳动时间内安排1至2小时工间休息或适当减轻工作,并不得安排从事夜班劳动。

(四)怀孕的女职工,在劳动时间内进行产前检查,应当算做劳动时间。对生产一线的女职工,要相应地减少生产定额,以保证产前检查时间。

(五)孕妇孕期及分娩时在合同医院发生的检查费、接生费、手术费、住院费、药费由原医疗经费渠道开支或按《企业职工生育保险试行办法》执行。

**第九条** 产期保健

(一)女职工产假(怀孕7个月以上)为90天,其中产前15天,难产增加15天。符合计划生育政策的多胞胎生育,每多生育一个婴儿,增加产假15天,当地政府有规定并优于本办法的,也可执行当地政府的规定。教师正值寒、暑假期间生育的,可按地方政府计划生育有关规定执行。女职工在产假期间,不影响其原有福利待遇。

(二)女职工怀孕不满4个月流产的,应根据医院证明,给予产假15天至30天;怀孕4个月以上7个月以下流产时,给予产假42天,怀孕7个月以上的按正常产休假,以上产假期间工资照发。对有过两次以上自然流产史,现又无子女的女职工,应调离有可能直接或间接导致流产的作业岗位。

**第十条** 哺乳期保健

(一)有不满1周岁婴儿的女职工,需亲自哺乳的,其所在单位应当在每班劳动时间内给予其两次哺乳(含人工喂养)时间,每次30分钟。

女职工每班劳动时间内的两次哺乳时间,可以合并使用。哺乳时间和在本单位内哺乳往返途中的时间,算做劳动时间。

哺乳期满时,正值炎热季节(七至八月份),可根据当地气候条件延长1至2个月。对双胞胎或婴儿虽满周岁,因疾病、体弱经医务部门证明,哺乳时间可以适当延长,但最多不超过6个月。

(二)女职工在哺乳期内,所在单位不得安排其从事国家规定的第三级体力劳动强度的劳动和哺乳期禁忌从事的劳动,不得延长其劳动时间及从事夜班劳动。有条件的单位,应建立哺乳室。室内有洗手设施,乳母不得穿工作服进入哺乳室。

**第十一条** 产后保健

(一)女职工产假期满,恢复工作时,允许有1至2周时间逐渐恢复原定额工作量。

(二)女职工产假期满后是否办理离岗休假,根据工作情况和本人自愿的原则,依照当地计划生育政策,由有关部门批准执行。在批准休假期间内，工资不得低于75％，工龄连续计算。

女职工较多的单位，应按国家有关规定，以自办或联办的形式，逐步建立有专人管理的托儿所、幼儿园。

**第十二条** 对女职工较多的单位在新建、改建、扩建工程中，要按照《工业企业设计的卫生标准》的规定，将孕妇的休息室、婴儿哺乳室、女工卫生室（冲洗室）等女职工劳动保护设施列入基建规划，做到同时设计、同时施工、同时投入生产和使用。

要重视一线女职工的厕所建设，应为蹲式；女职工浴室要符合卫生条件，采取淋浴式。

**第十三条** 对女职工每一至两年进行一次妇科疾病及乳腺疾病的普查，建立健康档案，对患者积极给予治疗。经合同医院证明，患更年期综合征的女职工，不适合现岗位工作的，可以照顾安排适当工作。

**第十四条** 女职工劳动保护的权益受到侵害时，有权向所在单位的主管部门或者当地劳动部门提出申诉，受理申诉的部门应当自收到申诉书之日起30日内作出处理决定。属于劳动争议的，依照《劳动法》规定办理。

女职工对处理决定不服的，可以在收到处理决定书之日起，15日内向人民法院起诉。

**第十五条** 对违反本办法侵害女职工劳动保护权益的单位负责人及其直接责任人员，其所在单位的主管部门，应当根据情节轻重，进行批评教育或给予行政处分，并责令该单位给予被侵害女职工合理的经济补偿；构成犯罪的，由司法机关依法追究刑事责任。

**第十六条** 各单位对本办法的执行情况，由劳动人事部门检查落实，工会、卫生、劳动保护部门对本办法的执行情况进行监督。

**第十七条** 女职工违反国家有关计划生育规定的，其劳动保护应按照国家有关计划生育规定办理，不适用本办法。

**第十八条** 本办法由交通部负责解释。

**第十九条** 本办法自1995年7月1日起实施。

# 附录8:北京市实施《女职工劳动保护规定》的若干规定

（北京市人民政府第40号令）

**第一条**　为实施国务院《女职工劳动保护规定》(以下简称《规定》),依据劳动部的解释,结合本市实际情况,制定本规定。

**第二条**　本市行政区域内机关、团体、企业、事业单位(以下统称单位)女职工和个体工商户雇用女工(以下统称女职工)的劳动保护,均应全面执行《规定》和本规定。

**第三条**　市劳动局是本市女职工劳动保护工作的主管机关;区、县劳动局是本区、县女职工劳动保护工作的主管机关。

街道办事处和乡、镇人民政府负责本辖区街道和乡镇企业女职工劳动保护工作。

各级卫生部门和工会、妇联组织有权对《规定》和本规定的具体执行情况进行监督。

**第四条**　单位应当根据《规定》和本规定,建立健全女职工劳动保护管理制度,逐步建设女职工卫生、保健、托幼等设施。

**第五条**　单位应当根据怀孕女职工的具体情况核减其劳动定额。怀孕女职工依照医务部门的要求在劳动时间内进行产前检查,应当算作劳动时间,按出勤对待。

对怀孕7个月以上(含7个月)的女职工,应当根据具体情况在劳动时间内适当安排休息时间,不得安排从当日22时至次日6时之间夜班劳动。对怀孕7个月以上(含7个月)的汽车、天车及各种客货运输车辆的女司机、女售票员、纺织挡车女工,应当暂时调离原岗位,安排其他不影响孕妇健康的劳动。

**第六条**　女职工产假为90天,其中产前休假15天;难产的,增加产假15天;多胞胎生育的,每多生育一个婴儿,增加产假15天。

女职工怀孕流产的,根据医务部门的证明,妊娠不满4个月的,产假为 15 天至 30 天;妊娠 4 个月以上的,产假为 42 天。

产假期间,工资照发。

**第七条** 女职工哺乳(包括人工喂养)一周岁以内婴儿的,单位应当按照《规定》的要求,安排其哺乳时间。

女职工哺乳婴儿满一周岁后,一般不得延长哺乳期。婴儿身体特别虚弱的,经医务部门证明,可根据具体情况,适当延长哺乳期。哺乳期满时正值夏季的,哺乳期可以延长 1 个月至 2 个月。

**第八条** 女职工在休产假和哺乳假期间影响工资晋级的,在产假、哺乳假期满后,经单位考核并试工合格的,应当予以晋级,补足晋级工资;经单位考核或试工不合格的,由单位安排适当的工作,保留原工资等级。

**第九条** 单位应当建立女职工生理卫生保健制度,并与医务部门联系,定期为女职工进行妇科检查。

女职工患痛经,不能坚持正常工作、生产的,经医务部门证明,可以在经期休息一天,算作劳动时间。

**第十条** 经县以上医务部门确诊患更年期综合征的女工,不适合继续从事原工作的,单位可以适当减轻其工作量或暂时安排其他适宜的工作。

**第十一条** 女职工执行计划生育政策应享受奖励或违反有关计划生育规定应予处罚的,其怀孕、生育期间的待遇,应按照计划生育的有关规定处理。

**第十二条** 女职工禁忌从事劳动的范围和职业安全卫生标准,由市劳动保护监察机关根据《规定》和劳动部的有关规定,另行制定。

**第十三条** 本规定具体执行中的问题,由市劳动局负责解释。

**第十四条** 本规定自 1990 年 1 月 1 日起施行。1983 年 12 月 28 日市人民政府转发的市劳动局《北京市企业女工劳动保护若干问题的暂行规定》同时废止。

# 参考文献


1. 卞耀武.《中华人民共和国安全生产法》读本.北京:煤炭工业出版社,2002.1
2. 邢娟娟.职业危害评价与控制.北京:航空工业出版社,2005
3. 邢娟娟,陈江,杨力等.企业作业场所职业危害识别与控制.北京:中国工人出版社,2009
4. 邢娟娟.事故现场救护与应急自救.北京:航空工业出版社,2005
5. 邢娟娟.企业事故应急救援与预案编制技术.北京:气象出版社,2008
6. 邢娟娟,陈江,姜秀慧等.劳动防护用品与应急防护装备实用手册.北京:航空工业出版社,2007
7. 俞文兰.流动人员职业健康监护存在的问题与对策.中国安全生产科学技术,2009,(2):133-136
8. 邢娟娟,姜秀慧,郝秀清.突发职业中毒事故应急准备研究.中国安全生产科学技术,2009(2):88-92
9. 李适时.《中华人民共和国安全生产法》释义.北京:中国物价出版社,2002
10. 张穹.《安全生产许可证条例》释义.北京:中国物价出版社,2004
11. 赵瑞华主编.《安全生产依法行政指南》.北京:中国物价出版社,2003
12. 刘铁民主编.《职业安全健康法规手册》.北京.群众出版社,2003
13. 国家局人事培训司.安全生产培训工作指南.北京:煤炭工业出版社,2003
14.《工伤保险条例》研究小组.工伤保险条例释义与实施手册.合肥:安徽文化音像出版社,2003
15. 吴宗之,高进东,魏利军.危险评价方法及其应用.北京:冶金工业出版社,2002
16. 中华医学会编.干部健康手册.北京:人民日报出版社,2004
17. 张忠彬,孙庆云,廖海江等.作业场所职业危害监管监察力量配备研究.中国安全生产科学技术,2009,(1):42-47
18. 吴亚平.女职工劳动权益维护.北京:中国劳动社会保障出版社,2000
19. 保毓书.女职工劳动卫生.北京:劳动人事出版社,1988
20. 于飞,俞文兰,周安寿.职业女性健康知识读本.青岛:中国海洋大学出版社,2006
21. 国际劳工局.防止工业灾难.第79届会报告五(1),日内瓦,1992

22. 顾学箕，王移兰. 劳动卫生学. 北京：人民卫生出版社，1983.5
23. 吴宗之，高进东，张兴凯. 工业危险辨识与评价. 北京：气象出版社，2000
24. 邢娟娟. 职业健康工作实务. 北京：煤炭工业出版社，2002.5
25. 孙连捷. 职工伤亡事故调查处理指南. 北京：中国劳动出版社，1993
26. 丁洁谨，孙宝林，郝鹏鹏等. 我国职业中毒的现状分析及防治对策. 中国安全生产科学技术，2008，(1)：63-66
27. 刘铁民. 安全生产工作体系建设. 中国安全生产科学技术，2008，(5)：5-7
28. 邱曼. 我国职业危害的现状分析与对策探讨. 中国安全生产科学技术，2008 (3)：102-105